厦门大学数据挖掘研究中心
厦门大学管理学院 MBA 中心

大数据丛书

1

谢邦昌 朱建平 刘晓葳 著

大数据概论

Introduction to Big Data

厦门大学出版社
XIAMEN UNIVERSITY PRESS
国家一级出版社
全国百佳图书出版单位

图书在版编目(CIP)数据

大数据概论 / 谢邦昌，朱建平，刘晓葳著.—厦门：厦门大学出版社，2016.11(2021.1重印)

ISBN 978-7-5615-6107-2

Ⅰ.①大… Ⅱ.①谢… ②朱… ③刘… Ⅲ.①数据处理-概论 Ⅳ.①TP274

中国版本图书馆 CIP 数据核字(2016)第 161042 号

出 版 人 蒋东明
责任编辑 吴兴友
装帧设计 王 琳
责任印制 朱 楷

出版发行 厦门大学出版社
社　　址 厦门市软件园二期望海路 39 号
邮政编码 361008
总 编 办 0592-2182177　0592-2181406(传真)
营销中心 0592-2184458　0592-2181365
网　　址 http://www.xmupress.com
邮　　箱 xmupress@126.com
印　　刷 厦门市明亮彩印有限公司

开本 787 mm×1 092 mm 1/16
印张 9
插页 2
字数 252 千字
印数 3 001～6 000 册
版次 2016 年 11 月第 1 版
印次 2021 年 1 月第 2 次印刷
定价 36.00 元

本书如有印装质量问题请直接寄承印厂调换

厦门大学出版社
微信二维码

厦门大学出版社
微博二维码

BIG DATA

前 言

人们已经不再纠结大数据的概念——大数据已经开始在各个领域得到应用，数据产品诞生，为使衣食住行更为便捷而努力，支撑商业社会的运转，或者维系着某种庞大体系的安全；还在单纯讲着大数据故事和满足于展望未来的人越来越少——有些故事被证明只是故事，而一些三四年前被认为尚且遥远的未来，正在逐步成为现实。无论给这时代赋予怎样的标签："互联网""移动互联网""人工智能"，我们都将发现，大数据在其中切实具有广泛的基础性和关键性价值：毕竟在这纷繁复杂、高速运转、迭代进化的信息世界中，数据——无论是数值型抑或文本型，结构化或是非结构化的——都是信息的最佳留存载体，也是我们用于解释过去和预测未来唯一有价值的资料。过去因记录、存储和分析方面的限制，信息被有选择地留存下来，即使如此，面对已经沉淀下来的信息资料，我们尚感到力不从心；如今我们已身处大数据洪流，后工业时代（信息时代）中，人类社会面临的中心问题，的确已"从提高劳动生产率转变为如何更好地利用信息来辅助决策"（Herbert A. Simon）。

各个领域对大数据的认知逐渐明晰，使得本书在写作中不断地改进自我，修正方向，力图概述大数据的宏伟图景，却又不止于洋洒概念。在书籍中，我们希望能够回归数据分析本身，内容触及大数据的技术现状、领域应用、产品化思路、教育前景和实战案例。基于大数据分析本身的逻辑路线，从理论界定、应用介绍、技术说明、核心技术详解、未来趋势和挑战等角度安排章节内容，最后给出几个精简却体现数据分析思维的实战案例，也希望能借此为大数据"正名"，它并非高高在上的概念，而已成为一种服务于社会的生态。

对比大数据概念伊始时，各种书籍"忽如一夜春风来"，这本书姗姗来迟却又为时未晚，经过了几年间的整理、更新，我们更希望将本书定位为"沉淀之作"，或者希望它更"接地气"。大数据概念逐步由过热走向冷静之时，也正是大数据真正开始

落地之时，在此时推出本书，更服从我们写作之本心。

本书由台北医学大学谢邦昌教授设计整体框架，并同厦门大学朱建平教授、华侨大学刘晓葳助理教授共同撰写。在本书编写过程中，湖南大学王小燕助理教授和厦门大学研究生姜悦对前期资料的收集，以及部分案例的整理做了大量的工作。谢邦昌和朱建平教授对本书进行了修改和总纂，台北医学大学邓光甫教授审阅了全书。

本书在编写和出版过程中，得到了厦门大学数据挖掘研究中心、台湾医学大学大数据研究中心、厦门大学管理学院 MBA 中心、华侨大学统计学院、湖南大学金融与统计学院和厦门大学出版社的支持，陈丽贞和吴兴友同志为本书的组稿、编辑做了大量的工作，在此表示衷心感谢！限于作者的学识水平有限，书中不妥之处在所难免，恳请广大读者批评指正。

本书的编写和出版得到了国家社会科学基金重大项目《大数据与统计学理论的发展研究》(13&ZD148)和教育部人文社科重点研究基地浙江工商大学现代商贸研究中心项目(15SMGK02Z)的资助。

作　者

2016 年 5 月

CONTENT BIG DATA

BIG
DATA

BIG DATA

第一章 什么是大数据

1.1 数据洪流

2012年的IT业界，吸引众人目光的热门关键词包括了Big Data(又称大数据、巨量数据、海量数据)。在IT业界，每隔两到三年会出现轰动一时但很快就会被人遗忘的流行术语，而继“云端”之后能够超越流行术语境界并深植人心的，应该就是“大数据”。

一如过去的众多流行术语，“大数据”也是来自欧美的热门关键词，不过这个名词的起源真相却不明。在欧美以“大数据”为题材的简报中经常被拿来参考的，是2010年2月《经济学人》(Economist)的特别报道——数据洪流(the data deluge)。“Deluge”是个比较陌生的单词，查一下字典可了解其意义为“泛滥、大洪水、大量的”。因此“The Data Deluge”直译便是“资料的大洪水、大量的数据”的意思。虽然这篇报道与目前有关的大数据的议题大同小异，但在读完文章后却不见有Big Data这个名词的踪影。然而，自从这篇报道问世后，大数据成为话题的机会急剧增加，基于这一事实说它是造成目前世人对大数据议论纷纷的一大契机也不为过。

McKinsey&Company

McKinsey Global Institute

June 2011

BigData: The next frontier for innovation, competition and productivity

以大数据为题材的报道，经常引用美国麦肯锡全球研究院（MGI，McKinsey Global Institute）在2011年5月所发表“Big Data：The next frontier for innovation，competition and productivity”（大数据——创新产出、竞争优势与生产力提升的下一个新领域）的研究报告，其报告分析了数值数据及文件快速增加的状态，阐述了处理这些数据能够得到潜在的数据价值，讨论分析了与大数据相关的经济活动和各产业链的价值。这份报告在商业界引起极大的关注，为大数据从技术领域进入商业领域吹起号角。

在2012年3月29日奥巴马政府以“Big Data is a Big Deal”为题发布新闻（见图1-1-1），宣布投资两亿美元启动“大数据研究与发展计划”，一共涉及美国国家科学基金、美国国防部等六个联邦政府部门，大力推动和改善与大数据相关的收集、组织和分析工具及技术，以推动从大量的、复杂的数据中获取知识和洞察的能力。

2012年5月，联合国发布了一份大数据白皮书，总结了各国政府如何利用大数据来服务公民，指出大数据对于联合国和各国政府来说是一个历史性的机遇，联合国还探讨了如何利用社交网络在内的大数据资源造福人类。

2012年12月，世界经济论坛发布《大数据，大影响》的报告，阐述大数据为国际发展带来新的商业机会，建议各国的工业界、学术界、非营利性机构的管理者一起利用大数据所创造的机会。

由上述可见，大数据越来越受重视，已成为当今最热门的议题之一。

1.2 大数据的定义

“大数据(或称巨量数据、海量数据)”与“云端”这个热门关键词在2006年逐渐受到媒体关注时如出一辙,都没有明确的定义。但目前大多数说法为“超过典型数据库工具的硬件与软件环境所能获取、存储、管理和分析的数据”。换句话说,“所谓的大数据,就是用现有的一般技术难以管理的大量数据”。“用现有的一般技术难以管理”,指的是目前企业数据库主流的关系数据库已无法管理结构复杂的数据;或是因为量的增加,导致查询数据的反应时间超过容许范围等等的庞大数据。

1.3 大数据的4V特性

从字面上来看,“大数据”这个词给人的印象可能只是“大量的数据”而已,但是量仅是大数据中的一部分。因为数据量的增加,并不是导致“用现有的一般技术难以管理”的唯一主因。

一般而言,海量数据分析包含以下四大特性,简称4V:

(1)巨量性(volume):数据量庞大,其以TB～EB为储存单位,如表1-3-1所示。

表1-3-1 数据的储存单位

储存单位(英)		说　明
Byte		文件储存容量的最小单位
Kilobyte	(KB)	1 024 Bytes
Megabyte	(MB)	1 024 KB
Gigabyte	(GB)	1 024 MB
Terabyte	(TB)	1 024 GB
Perabyte	(PB)	1 024 TB
Exabyte	(EB)	1 024 PB
Zettebyte	(ZB)	1 024 EB

(2)实时性(velocity):实时变动的流动数据,反应时间仅短短几秒至百万分之一秒。

(3)多样性(variety):种类繁杂的数据,含结构、非结构、纯文本、多媒体数据等。

(4)不确定性(veracity):真伪存疑、不确定的数据,因数据不完整、不一致、时间差、意义不明、蓄意欺骗而导致。

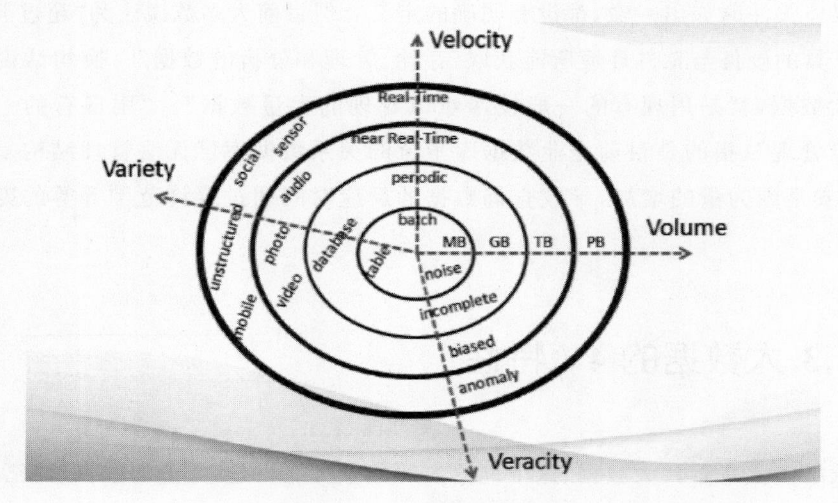

图 1-3-1　大数据的 4V 特性

目前对于第 4V 是不确定性(veracity),各界持不同看法,有些人认为第 4V 为价值(value):从大数据中获得的商业价值。

1.4 为什么到现在大数据才受到众人瞩目?

1.4.1 来自不同渠道的数据不断产生

大数据并非崭新的概念。尤其是如果从"量"的观点来看,大数据在过去就已经存在。比如说,波音的喷射引擎每 30 分钟会产生多达 10 TB 的飞航信息相关数据,每当一架安装四台引擎的巨无霸客机横渡大西洋时,产生的数据便高达 640 TB 之多。世界各地每天有 25 000 架以上的班机飞航,可见其数据量的庞大。此外,生物技术领域的染色体分析、美国 NASA 为主的宇宙探勘领域,从过去就利用相当昂贵的高阶超级计算机,来进行庞大的数据分析。

如今的大数据与过去的差别，就是其数据的来源不再局限于上述的领域，而是产生自与我们日常生活密不可分的环境。随着社群媒体、手机 App、监控探头、天文望远镜、卫星、生产线和各种传感器等的普及，来自不同渠道的数据不断产生，其数据类型包含文字数据、图像数据等。我们身边开始产生大量且多样的数据。

1.4.2 硬件性价比的提升与软件技术的进步

随着计算机性价比的提升与储存装置价格的下滑、能够在通用服务器上高速处理大量数据的软件技术问世，这些都大幅降低了储存与处理大数据的门槛。因此，像是在过去只有 NASA 之类的研究机构或极少数的大型企业，才有办法进行大量数据的深度分析，现在不必花费太多成本或时间就能做到。运用大数据的根基也就此成形。

(1)计算机性价比提高

担纲数据处理的计算机的运算能力依照摩尔定律(Moore's Law)不断进化至今(见图 1-4-1)。所谓摩尔定律，指的是由英特尔(Intel)创办人之一的摩尔(Gordon E. Moore)于 1965 年提出。简单地说，摩尔预测单一硅芯片的晶体管数目，每隔 18 到 24 个月将会增加一倍，但制造成本却不变。晶体管愈多，代表芯片执行运算的速度也愈快。从现在的计算机所标示的规格可以清楚地知道，以相同的价格所能买到计算机的运算能力远远大于以往。

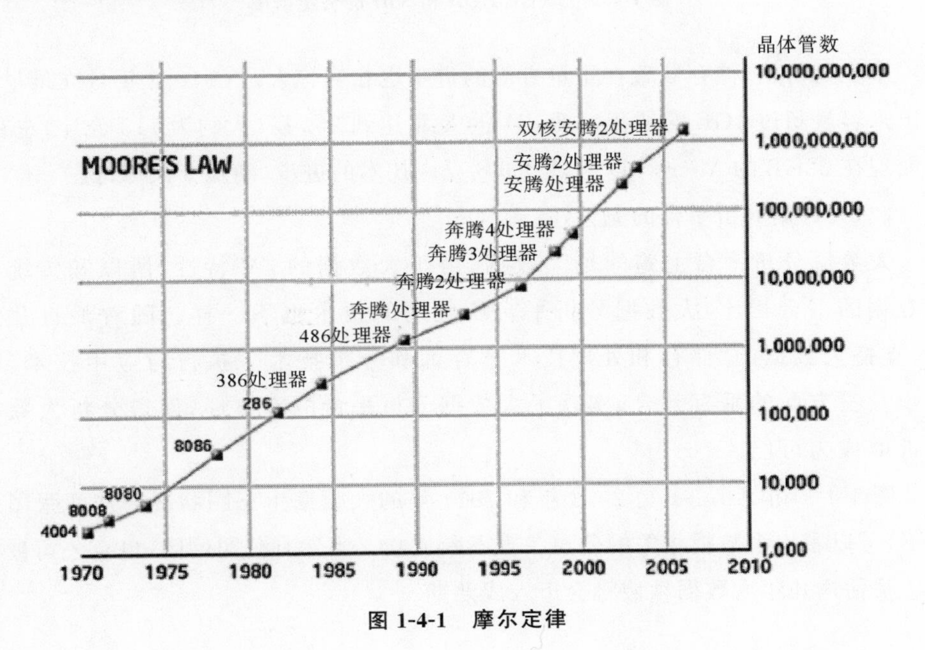

图 1-4-1 摩尔定律

(2)储存装置价格的下滑

除了CPU性能的提升之外,硬盘等储存装置价格的下滑也相当显著。由图1-4-2可以看出,HDD(硬盘)1998年时每GB单价约为56.30美元,而到了2012年只值0.054美元左右;SSD(固态硬盘)2008年时每GB单价约为40美元,而到了2012年只值1美元左右。

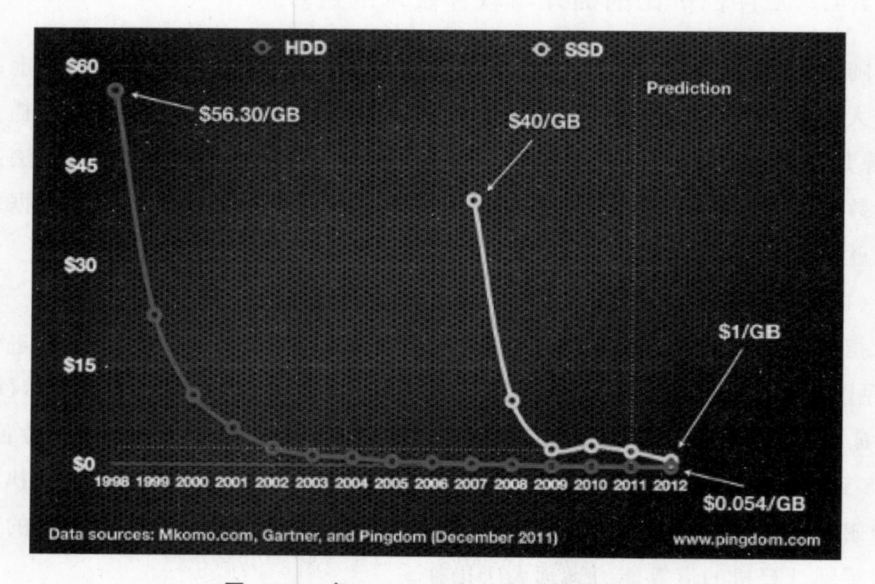

图1-4-2 每GB HDD和SSD价格走势图

不光是价格,储存装置在重量方面的进步也相当惊人。在1982年日立最早研发出来容量超过1GB的硬盘(1.2GB),重量竟达到250磅(大约为113公斤)左右,然而现在32GB的Micro SD卡只有0.5克。技术的进步,确实令人称奇。

(3)大数据分析平台的完整性

大数据分析平台上跑的是大数据,由于大数据的4V特性,所以和传统非大数据的平台相比,大数据分析平台所应用的技术也不一样。随着最近几年来,支持大数据的“储存和处理技术”“查询和分析技术”“执行与应用技术”的进步及三方面的垂直整合,实现了大数据分析平台的完整性,使得分析大数据的价值成为可能。

图1-4-3和图1-4-4是2013年和2014年的大数据生态圈状况。从两张图比较下,可以看出大数据相关的公司一直不断成立。当然有公司倒闭,也有公司被收购。预估这几年大数据领域将会迈入成熟期。

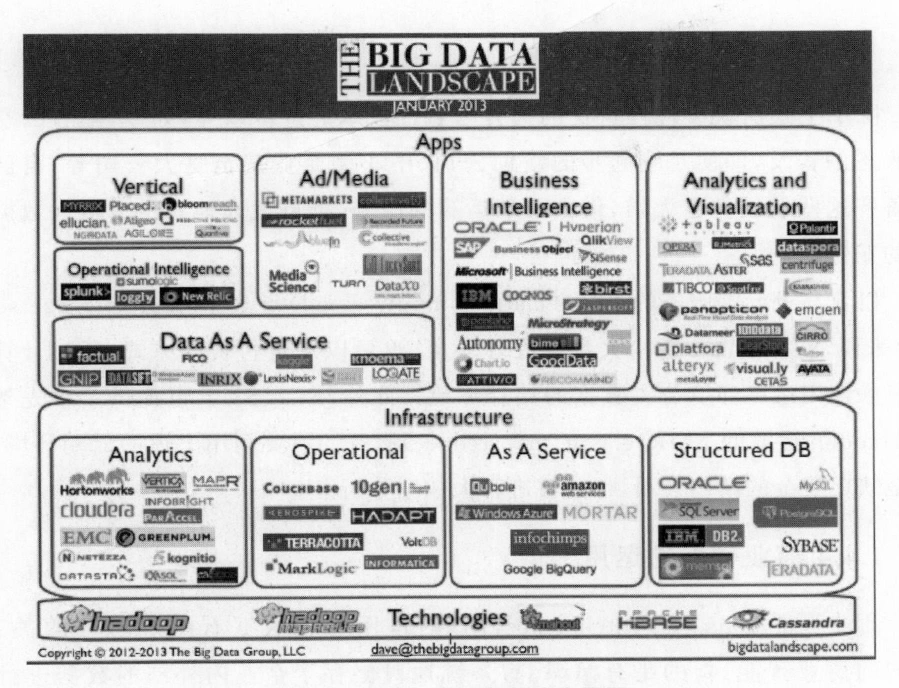

图 1-4-3　2013 年大数据生态圈图

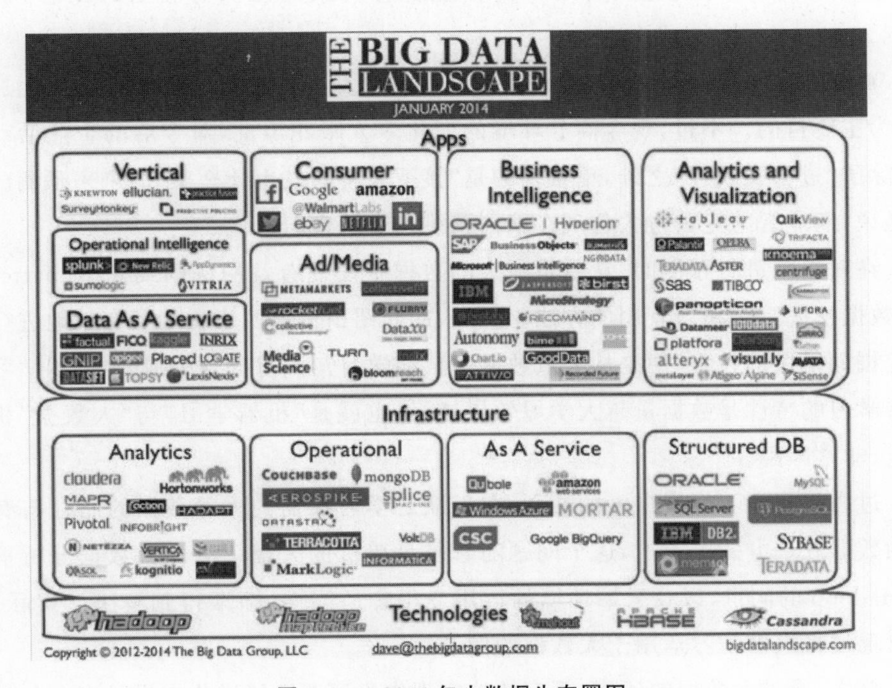

图 1-4-4　2014 年大数据生态圈图

1.4.3 云端运算服务的普及

除了上述所说硬件性价比的提升与软件技术的进步以外，如今，随着云端运算服务的普及，即使是刚起步的新创公司、中小型企业甚至是大公司等，自己无法备齐这些软硬件也无妨，借由云端运算的服务，都可大大地减少分析大数据所需的花费。

以亚马逊云端服务的EC2(elastic compute cloud)与S3(simple storage service)来说，就算不自行建构大数据处理环境，也可以从量付费的方式，通过计算机群集来使用运算环境与大数据的储存环境。此外，EC2、S3上也提供了事先架设好Hadoop运算的EMR(elastic map reduce)服务。只要利用上述的云端环境，即使是缺乏资金的新创公司，也能够进行大数据分析。

1.4.4 商业智能的运用

商业智能(business intelligence，BI)的运用与大数据有密不可分的关系。所谓的商业智能，指的是有组织、有系统地对储存于企业内外部的数据进行汇集、整理与分析，并创造出有助于商务上各种决策的知识与洞见的概念、机制与活动。

商业智能目前以分析并报告"从过去到现在发生了什么事""为什么发生这件事"为主要目的。不过，现今商务环境的变化令人眼花缭乱，对今后的企业活动来说，除了"过去及现在"之外，更重要的是"接下来将会发生什么事"的未来预测。也就是说，商业智能正由过去与现在朝向预测未来的方向进化。

在对未来进行预测时，从数量庞大的数据中发现有益的法则或样型(pattern)的"数据挖掘"，是相当有用的方法，更深入的介绍请见第四章。为了有效地进行数据挖掘而使用的技术，便是从大量数据中自动学习知识与有益法则的"机器学习"。机器学习的特性是数据量越大学习效果越好，也就是"机器学习"与"大数据"相辅相成，非常匹配。

过去机器学习发展最大的瓶颈，在于缺乏学习所需的大量数据的储存与有效率的数据处理方式。不过，这个问题随着硬盘单价的大幅下滑与大数据分析平台中Hadoop的问世，以及云端环境的运用变得理所当然，渐渐得到解决。实际上，也出现过将机器学习运用于大数据的例子。

总之，通过大数据的运用，可有效地实现作为商业智能进化成果且当今急需的未来预测；同时，也可望提升预测的准确度。

1.5 大数据的价值

趋势科技创办人张明正说过：能源和科技是人类社会过去200年来进步的源头，而现今的“数据”正是当年的“石油”。过去谁能够掌握石油，谁就能雄霸一方；未来谁能掌握数据，谁就是世界的老大！

因此，如何将“数据”这未经处理的原油，提炼成有经济价值的石油，是大家所共同关注的。图1-5-1为企业数据价值精炼金字塔，说明企业如何将数据一路由下往上精炼的过程：

Data(数据)→Information(信息)→Knowledge(知识)→Insight(洞见)/Intelligence(智慧)→Action(行动)

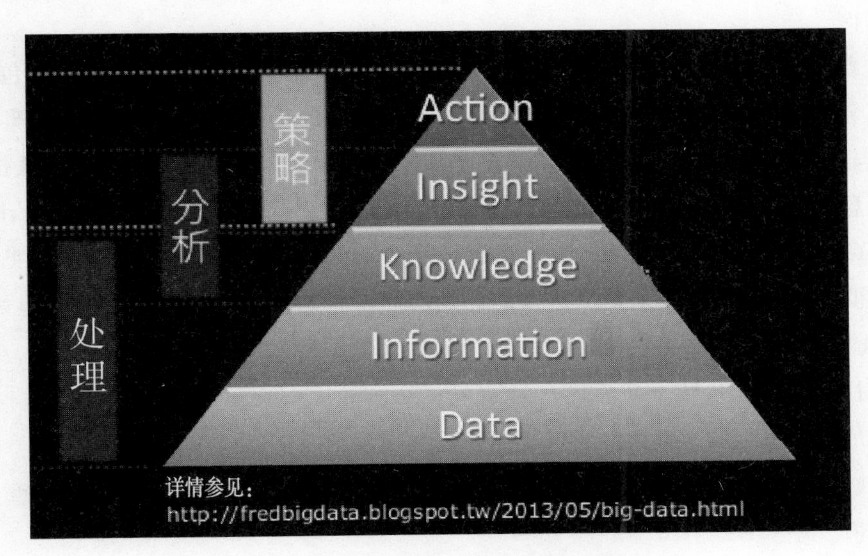

图1-5-1 企业数据价值精炼金字塔

每一层，都能在Wikipedia(维基百科)上找到定义与说明。但若还是不甚了解，以下我们举个例子来实际解说：

Data：394公里。

Information：台湾南北全长394公里。

Knowledge：一般人骑单车的时速约15公里；台湾夏季吹南风，冬季吹东北风。

Insight：台湾夏季由北骑到南，一般人不可能达到平均时速15公里。

Action：暑假计划要从台湾南骑到北，目标在3天内完成。

在IT产业上，这些与金字塔对应的管理系统与应用分别如下，之后章节会有更详细的说明。

DBMS(database management system)和EDW(enterprise data warehouse)

EIP(enterprise information portal)

KM(knowledge management)

BI(business intelligence)

DMS(decision-making support)

在企业数据价值精炼金字塔中，越往塔的高处爬，就越难处理及分析。但相对地，其数据可以转换的价值却越高。目前IT系统对于数据分析后的行动，大部分还停留在“决策支持”，从企业运作的角度，很容易理解，因为决策需要考虑的面向太广。除非从数据搜集到价值转换行动可以端到端(end-to-end)一线自动化完成。因此，像电子商务这种基于浏览者行为的精准推荐，是难得的一气呵成实例。

当大数据撞击金字塔，最底层的数据变成大数据时，企业会面临的挑战包括：

金字塔最底层的数据范畴变广了。从结构化的DBMS/EDW，扩大到半结构化与非结构化数据。精炼的过程，必须加入像Hadoop这样的大数据处理技术。对信息与知识的分析，即使模型(model)相同，需要放入更多的关联(correlation)、行为(behavior)、属性(attribute)、状态(state)、意义(meaning)，才能求得洞见。所以需要多维、跨界串联。要拟定行动计划所需参考的洞见面向更广了。这是好事，但也会是难题。

打造大数据价值金字塔的三种角色

从上而下，我们在图1-5-2标注了三种角色。

IT(处理)：关注知识、信息与数据这三层，是数据的处理者；价值转换重点落在知识。

BI/DW(分析)：关注洞见与知识这两层，是数据的探勘者或分析者；价值转换重点落在洞见。

CxO(策略)：关注行动与洞见这两层，是策略的制定者与计划的执行者；价值转换重点落在行动。

由此可以注意到，这三种角色的作业区域两两交叠，这说明了企业价值要得到转换与精炼，就要能整合与流动。图1-5-3来自Rachel Schutt博士的“Next-Gen Data Scientists”(《下一代数据科学家》)，加上三种角色使用的领域，让大家可以清楚地知道数据是如何被精炼的。

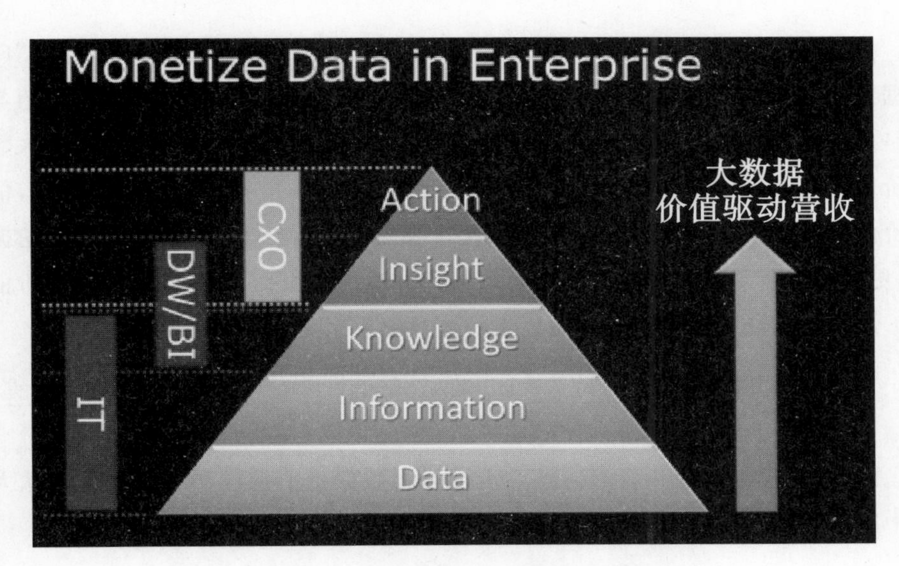

图 1-5-2 企业大数据价值精炼金字塔

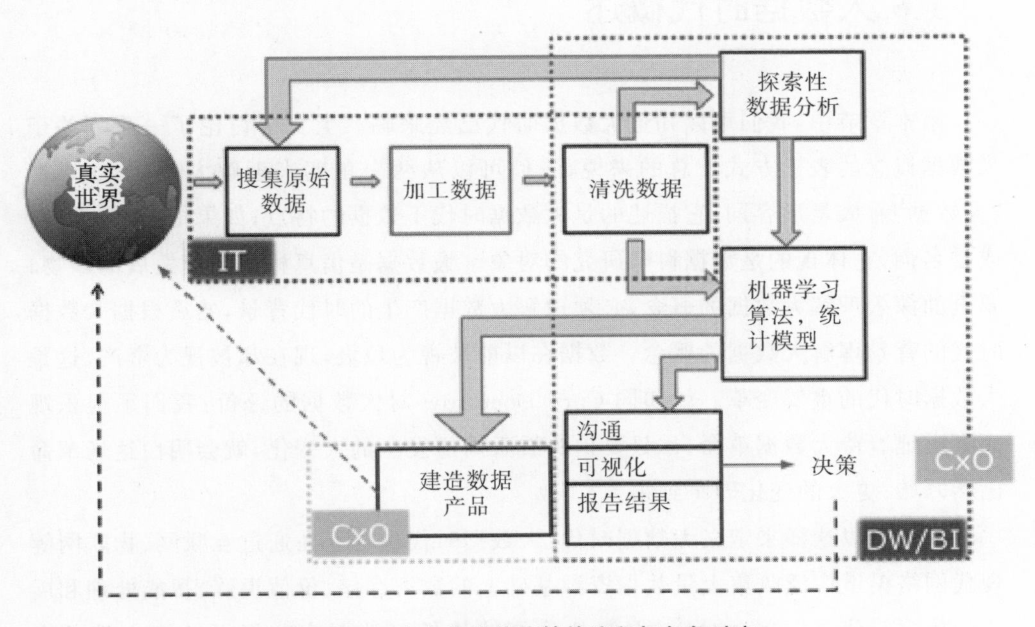

图 1-5-3 企业数据价值精炼流程与角色对应

如何计算大数据的价值？大数据的价值是与大数据的巨量性和多样性密切相关的。一般来说，数据量越大、多样性越强，其信息量也越大，获得的知识也越多，数据能够被挖掘的潜在价值也越大。但是这些都依赖于大数据处理和分析方法，否则由于信息和知识密度低，可能造成数据垃圾和信息过剩，失去数据的利用价值。

根据 Mayer-Schonberger，Viktor 及 Cukier，Kenneth 出版的“Big Data”(《大数据》)一书，数据的价值将会随着时间的流逝而降低。换句话说，数据的价值与时间是成反比的。因此，处理数据的速度越快，数据价值越能够更好地获得。大数据的价值也与其所传播和共享的范围相关，使用大数据的人数越多，范围越广，信息的价值也就越大。大数据的价值能够有效地发挥，依赖于大数据的分析及挖掘技术，更好的分析工具和算法能够更有效地获得精准的信息，也更能发挥数据价值。

总之，大数据的价值，可以用以下的公式简单来定义：

$$\text{大数据价值}=\frac{\text{大数据处理和分析的算法与工具}\times f(\text{巨量性，即时性，多样性})\times\text{使用大数据的人数}}{\text{大数据存在的时间}}$$

因此，大数据处理和新的技术对于挖掘大数据价值的作用十分关键。从大数据中提取“价值”，这已经是此议题共同的结论。

1.6 大数据时代概述

由本章节中，我们可以知道大数据时代已经来临。上文中讨论了一系列关于大数据概念的表达方式。总的来说，我们可以从两个角度来理解大数据，如果把“大数据”看成是形容词，它描述的是大数据时代下数据的特点；如果把“大数据”看成是名词，它体现的是数据科学研究的对象。大数据是信息科技高速发展的产物，要全面深入理解大数据的概念，必须理解大数据产生的时代背景，然后根据大数据时代的背景理解大数据的概念。数据在以前被视为垃圾，现在却被视为资产，这是大数据时代的重要变革。就如同 Cory Doctorow 对大数据的评价：我们须很乐观而务实地看待大数据革命，你只要抬头看看周遭发生的大变化，就会明白这场革命已然开始，更大的变化即将到来。

我们可以这样来定义大数据时代：大数据时代是建立在通过互联网、物联网等现代网络渠道广泛收集大量数据资源基础上的数据存储、价值提炼、智能处理和展示的信息时代。在这个时代，人们几乎能够从任何数据中获得可转换为推动人们生活方式变化的有价值的知识。大数据时代的基本特征主要体现在以下几个方面。

(1)社会性。在大数据时代，从社会角度看，世界范围的计算机联网使越来越多的领域以数据流通取代产品流通，将生产演变成服务，将工业劳动演变成信息劳动。信息劳动的产品不需要离开它的原始占有者就能够被买卖和交换，这类产品能够通过计算机网络大量复制和分配而不需要额外增加费用,其价值增加是通过知识而不是手工劳动来实现的;实现这一价值的主要工具就是计算机软件。

(2)广泛性。在大数据时代,随着互联网技术的迅速崛起与普及,计算机技术不仅促进自然科学和人文社会科学各个领域的发展,而且全面融入人们的社会生活中,人们在不同领域采集到的数据量之大,达到了前所未有的程度。同时,数据的产生、存储和处理方式发生了革命性的变化,人们的工作和生活基本上都可以实现数字化。

(3)公开性。大数据时代展示了从信息公开到数据技术演化的多维画卷。在大数据时代会有越来越多的数据被开放,被交叉使用。在这个过程中,虽然会考虑对于用户隐私的保护,但开放的、公共的网络环境是大势所趋。这种公开性和公共性的实现取决于若干个网络开放平台或云计算服务以及一系列受到法律支持或社会公认的数据标准和规范。

(4)动态性。人们借助计算机通过互联网进入大数据时代,充分体现了大数据是基于互联网的实时动态数据,而不是历史的或严格控制环境下产生的内容。由于数据资料可以随时随地产生,因此,不仅数据资料的收集具有动态性,而且数据存储技术、数据处理技术也随时更新,即处理数据的工具也具有动态性。

我们也认识到,零售业、金融业、医疗业、政府等公私领域,均藏有大数据。通过大数据就能够解读和预测无数的现象,包括青少年是否未婚怀孕、协助诊断早产儿的健康情况、帮忙规划快递的送货路线等。

当社会各阶层各行业都意识到大数据对日常生活、企业经营和政府治理带来的转变时,相关大数据的分析平台和软件随即而生,支撑起整个大数据的技术也逐渐成熟。想要进行简单或基础数据分析的研究者,不需从理论方法的基础开始学习,只需熟悉分析平台及软件的操作,最重要的是研究者需具备创新思想,因此用户导向的信息再运用评价(user-oriented information retrieval evaluation)将是"数据挖掘"最重要的发展趋势。

因此大数据将全面改变我们的生活,对经济、社会和科学研究带来极大影响。在这波新潮流中,同时也须懂得保护自己,避免个人数据和隐私受到侵害。"信息(数据)拥有者"朝"信息(数据)用户"方向转变才能适应大数据时代的需求。

第二章

大数据的应用

2.1 大数据的应用流程

由 1.5 节中，我们可以得知大数据中含有许多的隐藏价值，那么如何将收集到的大数据应用于实际的案例中，其应用的流程又如何，以下将简略地说明。

2.1.1 采集

大数据的采集是指利用多个数据库来接收发自客户端，如网页、手机应用或者传感器等的数据，并且用户可以通过这些数据库来进行简单的查询和处理工作。如：电商会使用传统的关系型数据库 MySQL 和 Oracle 等来存储每一笔事务数据，除此之外，Redis 和 MongoDB 这样的 NoSQL 数据库也常用于数据的采集。

在大数据的采集过程中，其主要特点和挑战是并发数高，因为有可能会有成千上万的用户同时来进行访问和操作，比如火车票售票网站和淘宝，它们并发的访问量在峰值时达到上百万，所以需要在采集端部署大量数据库才能支撑。如何在这些数据库之间进行负载均衡和分片的确是需要深入的思考和设计。

2.1.2 导入、预处理

虽然采集端本身会有很多数据库，但是如果要对这些大数据进行有效的分析，还是应该将这些来自前端的数据导入到一个集中的大型分布式数据库，或者分布式存储集群，并且在导入基础上做一些简单的清洗和预处理工作。也有一些用户会在导入时使用来自 Twitter 的 Storm 来对数据进行流式计算，来满足部分业务的实时计算需求。

导入与预处理过程的特点和挑战主要是导入的数据量大，每秒钟的导入量经常会达到百兆，甚至千兆级别。

2.1.3 统计、分析

统计与分析主要利用分布式数据库，或者分布式计算集群来对存储于其内的海量数据进行常用的分析和分类汇总等，以满足一般性的分析需求。在这方面，一些实时性需求会用到美国易信安公司(EMC)的 GreenPlum、Oracle 的 Exadata，以及基于 MySQL 的列式存储 Infobright 等，而一些批处理，或者基于半结构化数据的需求可以使用 Hadoop。

统计与分析这部分的主要特点和挑战是分析涉及的数据量大，其对系统资源，特别是输入及输出时会占用极大的内存空间。

2.1.4 挖掘

与前面统计和分析过程不同的是，数据挖掘一般没有什么预先设定好的主题，主要是在现有数据上面进行基于各种算法的计算，而达到预期的效果，从而实现一些高级别数据分析的需求。比较典型的算法有用于聚类的 K-means、用于统计学习的 SVM 和用于分类的 NaiveBayest 等。该过程的特点和挑战主要是用于挖掘的算法很复杂，并且计算涉及的数据量和计算量都很大，常用数据挖掘算法都以单线程为主。

整个大数据处理的一般流程至少应该包括这四个步骤，才能算得上比较完整。

2.2 大数据在各产业的应用

在大数据分析的浪潮下，哈佛大学量化社会科学院院长 Gary King 曾表示："庞大的新数据来源所带来的转变，将在学术界、企业界和政治界等迅速蔓延开来，没有哪一个领域不会受到影响。"海量数据分析将庞大、多元且复杂的数据，转换成有价值的信息，进而成为企业或组织决策辅助的选项，改变人们的生活方式，引领新一波的经济繁荣。

根据麦肯锡全球研究院于 2011 年 5 月所发表的"Big Data：The next frontier for innovation，competition，and productivity"，总结出各产业运用大数据可获得

的潜在价值，如图 2-2-1 所示。

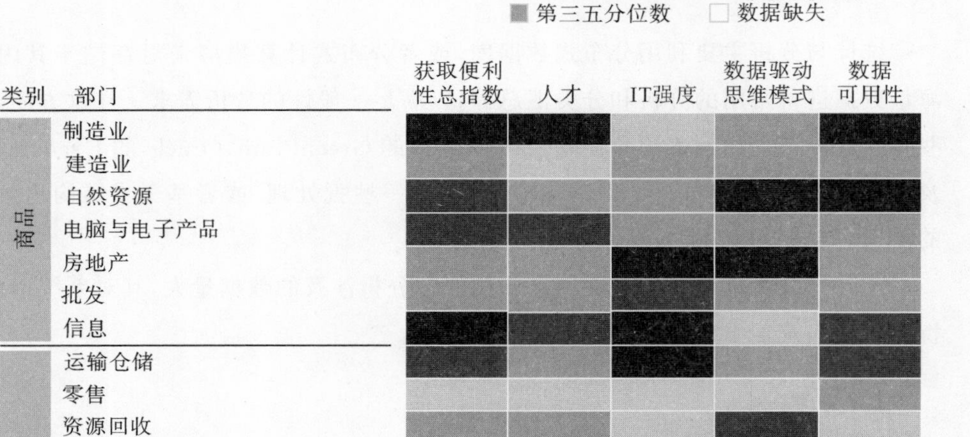

资料来源：McKinsey Global Institute analysis

图 2-2-1　各产业运用大数据所得到的潜在价值

各产业是如何运用大数据帮助企业抢先掌握商机，成为赢家的？以下就以零售业、金融业、医疗业、制造业、政府部门、电信业及交通物流业为例，说明其应用范围及实际运用。

2.2.1 零售业

零售业大数据应用需求目前主要集中在客户营销分析上，即通过对客户行为的分析，做好货架商品摆放、市场营销、产品推荐等。

(1)货架商品关联性分析

利用庞大的客户事务数据库，对客户购买行为进行分析，以了解客户的购物行为,并发现其中的共同规律性。

尿布与啤酒的销售连带关系

早在1990年代,以"帮顾客节省每一分钱"造就零售业传奇的沃尔玛,就是从庞大的事务数据当中,发现了这两者间微妙的关系。最初,沃尔玛的分析人员只是不经意地发现,在每个周五晚间,总是会有大量的尿布与啤酒被一并购买。

经过进一步的市场调查才发现,美国的妇女们常会在周五提醒先生在下班后要顺路去帮孩子买尿布再回家,而同时先生也会想要顺手带几罐啤酒欢度周末。有了这一层面的市场认知后,沃尔玛就开始在尿布区摆上啤酒饮料架,甚至在啤酒区摆上销路较差但价格较高的尿布(吃米都不知道米价,又有几个男人会研究尿布的价格)。结果,尿布跟啤酒的销量便大幅成长了三成之多!这样的"购物车分析",现在也普遍地存在于一般电子商务中了。这个尿布配啤酒也成了经典的数据挖掘实例,经常被用来说明最基础且直观的关联法则(association rule)算法。

飓风与草莓夹心酥的销售连带关系

2004年9月的某一天,沃尔玛公司会议桌上放着一份纽约时报,报纸上写着"虽然弗朗西斯飓风(Hurricane Frances)距离仍然遥远,速度缓慢,方向难以预测,但是狂风暴雨却毫不停歇,居民只能被困在堆满沙包的家中或临时避难所"。坐在这个会议桌前头的是沃尔玛信息长 Linda M.Dillman,她向幕僚提了不可能的任务:请根据前几周侵袭美国的查理飓风(Typhoon Charley)预测消费者在弗朗西斯飓风肆虐时将如何购物。

沃尔玛的计算机网络里储存了庞大的消费者购物历史数据,她认为公司可以"开始预测可能发生的情况,而不是坐等情况发生"。该公司专家研究数据后发现,在飓风来袭前,除了手电筒,民众其实还会采购某些商品。"过去,我们并不知道,在飓风来袭前,'Pop-Tarts'草莓夹心酥的销售量会增加,大约是平时销售量的7倍。"Linda M. Dillman 最近接受访谈时表示:"飓风来袭前,销售量最高的产品是啤酒。"

根据分析历史数据后得出的这些洞见,沃尔玛火速把一车车草莓夹心酥和六罐装啤酒,沿着95号州际公路运送至弗朗西斯飓风行经路线的沃尔玛商店。该公司表示,为飓风来袭而补充的商品,绝大部分都迅速售罄。

仔细分析以往严重暴风雨来袭时的零售数据,沃尔玛得以在下次严重暴风雨来袭之前采取行动,预先补充顾客可能想要的商品,并因此赚更多钱。这些洞见当中,有些并不是显而易见的,天然灾害发生之前,手电筒及啤酒卖得好,这大概不足为奇,但有多少人想得到夹心酥特别是草莓口味的夹心酥也会大卖?对信息做更

充分的利用，使沃尔玛对其顾客有更深入、更详细的了解。

(2)市场营销

透过客户的购买行为的大数据分析找出一些有价值的信息。

少女未婚怀孕，购物商场比老爸还早知道？

塔吉特(Target)是美国第二大百货集团，纽约时报采访其分析师安德鲁·波所做的报导中，分享了一个有趣案例。某位愤怒的父亲冲进塔吉特要求与经理谈话"我的女儿还是高中生，你们怎么寄这种优惠券给她？你们是鼓励她早点怀孕吗？"

店经理一头雾水，经了解后发现，原来是塔吉特寄了一堆关于孕妇装、育婴家具及婴儿用品的优惠券给他女儿。店经理当场向该父亲致歉，并在数日后再一次致电道歉。不过在第二次电话中，该位父亲不好意思地表示，在与女儿深谈后，发现女儿确实怀孕了。

塔吉特是如何做到这么精准的营销的——在消费者家人发现之前，就先知道怀孕的事实，并开始进行广告投放？消费者的购物习惯一旦建立起来，就很难再改变，对商家而言，当然希望改变消费者原有的购物对象，转而投入自己的怀抱。而人一生中有几个短暂的时期，既有的生活被打乱，而新的购物需求又不断浮现，就是很好的切入时机——小孩出生时就是这样的一个关键时期。

掌握这个关键时期的重任落到分析师安德鲁·波的身上。安德鲁·波分析塔吉特所有的会员数据，归纳出 25 种孕妇会购买的商品，并依据这些商品制定怀孕指数。利用这些指数和会员基本数据，来估计女性消费者是否怀孕，以及预产期大约还有多久。而就在怀孕六个月时，针对这些女性消费者寄出育婴用品相关优惠券。

"我们知道若能掌握怀孕第六个月的关键时期，就有很大的机会让消费者在未来几年内，继续在我们店里消费。"安德鲁·波表示："只要有办法让妈妈们在我们这儿买了尿布，她们就会继续买其他商品。"

精准营销就到此为止了吗？当然不是。塔吉特发现他们的分析太准确，导致部分消费者收到优惠券时，心里产生隐私被侵犯的感受。于是他们改变做法，特地为这些孕妇制作定制化广告，将育婴商品和一般商品混搭，让消费者收到广告时，觉得这些商品是随机挑选出来的。"这样妈妈们就不会有被监视的感觉，她们会觉得其他人也跟我收到一样的广告，就会考虑使用这些优惠券了。"安德鲁·波说。塔吉特在 2002 年获利 440 亿美元，当安德鲁·波被雇用之后，到 2010 年增长至 670 亿美元。

(3)产品推荐

零售业需要根据客户购买行为的交易数据进行客户群的分类，针对不同客户的要求进行产品的推荐。

大数据发威,Netflix靠《纸牌屋》续打营收好牌

Netflix原先是一家在线DVD邮寄出租服务的公司,于1977年成立于美国加利福尼亚州,随着因特网的发展与信息技术的演进,Netflix的付费用户达到2 920万,超过HBO的2 870万;另外,根据Sandvine市调公司研究报告,其下载量占全美网络下载量的32.25%,以绝对优势占据第一名的位置。Netflix成功的原因除了快速又便宜的在线DVD邮寄出租服务外,Netflix的在线影片推荐系统更是扮演重要的角色。

Netflix的在线影片推荐系统利用数据分析,根据消费者过去的影片评价,预测使用者接下来会想看什么样的影片。根据Netflix公司统计,每10部它推荐的影片大概有7.5部以上,使用者会选择接受这样的推荐,概率非常之高。更神奇的是,在你评价所观影片之前,它已经做了预测且上下不会超过半颗星的误差。这些计算是根据Netflix掌握的所有用户的行为与喜好,每一次的点击、播放、暂停、快转、回播、观赏的时间、次数与周期,都会成为一个事件。此外,每个影片都会加上不同的标签,例如导演、演员、编剧、制片、类型、情节等,将以上这些记录存下来,并把每笔数据汇入后台进行数据分析。因此,Netflix开发出Cinematch影片推荐引擎,运用大数据为消费者推荐影片。

于是Netflix借由这样的数据分析,得知观众是否喜爱看政治剧,喜爱看政治剧的人是否也喜欢看大卫·芬奇执导的影片。通过简单的假设提问,找出使用者的喜好比例。利用大数据的分析结果,自制影集《纸牌屋》在2013年入围9项艾美奖、4项金球奖,创下网络电视频道进军电视电影奖项的历史。在第二季播出前,美国总统奥巴马就在他的Twitter上说:"别剧透,拜托!"使Netflix订户因《纸牌屋》总共增加484万户。2014年的第一季收入12.7亿美元,每股盈余0.86美元,优于同期的0.05美元。

2.2.2 金融业

金融业对信息系统的实用性要求很高,且累积了很多的客户交易数据。目前金融业主要信息需求是客户行为分析、防堵诈骗、金融风险分析等。

(1)客户行为分析

银行通过对客户刷卡、存取款、电子银行转账等行为数据的研究,对客户进行市场营销、金融的产品创新及满意度分析,给客户发送针对性的广告信息,里面有客户可能感兴趣或优惠的信息。

中国银行“同理心营销”

做营销的人都知道，朋友推荐比广告有用多了。到底多有用？根据尼尔森的研究显示，同样的一则营销信息放在脸书(Facebook)上，因为朋友的推荐，网友的点击率会增加16%，可见同侪之间的影响力有多大。

中国有一家国有银行就把这种同侪间彼此认同的拉力转为品牌的吸引力。第一步先从网络银行开始，在IBM中国研究院的协助下，该国有银行开发出一套业界首创的方案，按照网银客户亲朋好友的投资动态来提供产品建议，以帮助他们找到更多的投资机会。

IBM研究员说这项技术应用的是人类的“社交同理心”，但要激起客户的同理心，前提是先要了解他们的社交模式。因此，系统先从银行各个营业点收集客户的个人身份和事务数据，经过清理和汇整后进行深入的分析比对，找出客户中有哪些人属于同样的社交圈，譬如是不是互为同事或同学，以及在不同的圈子中各扮演什么样的角色，如专家或先驱者等。描绘出客户群体间的关系后，这套方案会再分析客户近期的购买倾向，以及已购买产品的绩效，以辅助营销。

若万一真的有人没有什么朋友，根本组不成什么社交圈也没关系，因为一般人不仅会听亲朋好友的建议，如果和自己条件相当的人有成功的经验，我们也会想要“见贤思齐”，所以，同一个圈里的人不见得彼此认识，而可能是经济条件、年龄和工作相仿，或业务数据性质相同的人。

因此，借由这样的技术，这家银行走出和以往不同的营销模式。以前银行虽然也有客户分层的机制，但仅能依照客户交易额做粗略的划分，如：存款超过50万人民币者为VIP客户。这样的分法不够细致，现在则更精确地区分出不同背景、环境、社会经济条件的客层，并且避免让客户有被强迫推销的感觉，改为提供同侪理财成效的相关信息，激发客户的好奇心，进而鼓励客户购买更多的金融产品，提高客户对品牌的认同度。

(2)防堵诈骗

金融诈骗通常以账户欺诈及保险欺诈为常见案例，皆会对金融秩序造成重大影响。可通过账户的行为模式监测欺诈，也可通过大数据、预测分析和风险划分帮助公司识别出导致欺诈的模式，从收到的索赔中获取大数据，根据预测分析及早发现诈骗。

IPCC加速理赔速度、防止诈领保险金

无限财产险和意外险公司(Infinity Property and Casualty Corporation，IPCC)是一家汽车保险商，总部设于美国亚拉巴马州，2003年于美国纳斯达克挂牌上市。IPCC是全美前几大的“非标准”保险公司，在该公司的车险业务中，高达八成属于非标准型车险。所谓非标准型车险，指的是车主因属于高风险族群，如有肇事记录、年龄过高或投保车种特殊等等，不符合“标准”车险申请资格，而购买的保险产品。

尽管已经坐稳非标准保险市场，IPCC还想进军标准保险服务领域，但这么做等于得和许多老字号的保险公司正面冲突，对一家2002年才成立、来自南方小镇的公司来说，这是一场不小的硬仗。他们知道，自己一定要有过强的能力，才有机会与全国性的大公司一较高下。

因为这个，再加上最近越来越多理赔审核人员向公司反映，诈领保险金的案件似乎有增加的趋势。所以IPCC决定发展世界级的理赔处理能力，运用一套预测分析机制加强诈保侦测，提升理赔的速度、效率和准确度，以留住老客户和吸引新客户。

IPCC原来的理赔审核机制高度仰赖人为的判断和处理时间，审核人员得仔细留意申请案件是否有诈保的迹象，包括投保人是否在提高保额不久后马上发生事故，或对理赔流程过于熟悉，若发现可疑案件还转给其他部门进一步评估，而导致理赔流程拉得很长，影响投保人满意度。

在新的理赔系统中，IPCC仿效信用审核评分的方法，也建立起一套专门评估理赔申请案件“诈保率”的评分机制，一旦发现可能的问题案件，系统会按照事先设定的业务规则，把案件转给负责调查的人员。

例如：在被保险人发生意外的当下，保险业务员会先抵达事故现场收集数据，之后系统按照业务规则评估这个理赔申请的诈保率，假使诈保率超过默认值，申请书就会自动转到理赔调查员的手里。这些调查员的工作好像警探一样，除了要搜查被保险人数据之外，有时还得查访和跟踪埋伏，时间拖得越长证据就越不容易取得。以前可疑的案件往往需要一到两个月才能送调查，现在运用的大数据则缩短为一到两天。因此，这已经让IPCC把阻止诈保的成功率从50%提高到88%。

为了加快理赔处理速度，IPCC也从收到保护通报事故的第一时间着手，运用演算模型，在事件发生当天就把理赔申请按不同处理和评估需求分门别类，让有问题的案件可以尽早被调查，而且需要大力调查的案件也可以立即获得给付。通过这样的方式，该公司在第一时间就能排除25%需要后续调查的案件，省下不少案件往来的时间和费用。

(3)金融风险分析

评价金融风险可以使用很多数据来源，如：客户经理、手机银行、电话银行等，也包括来自监管和信用评级部门的数据。在一定的风险分析模型下，大数据分析可帮助金融机构预测金融风险，包括信用风险、市场风险、操作风险。

大数据助银行业监管

基于大数据集中的监管手段——现场检查系统（EAST 系统）应运而生，这一系统颠覆了过去用抽查代替普查，用点上的问题推测面上的问题的监管模式，构造了先进的现场检查系统平台和灵活的系统架构，实现了对银行业金融机构海量数据的有效挖掘和深度分析。

现在，运用 EAST 系统进行建模分析，从系统中直接筛选符合条件的信息，实时跟踪数据异动，仅用一分钟就能迅速筛查出过去需要好几天才能查出来的贷款挪作保证金等违规情况，现场检查效果得到大幅提升。

这一系统已经在提升监管水平与效率等方面发挥了重要作用。从实践来看，湖北银监局组织了专业团队，认真做好制定实施规划、夯实数据基础、强化科技支撑等先期工作，顺利成为省局版 EAST 系统首批试点单位之一。由于 EAST 系统采集数据具有大规模、细颗粒、标准化、自动化等特点，易于进行大数据的筛选、关联、比对等操作，正好与信用卡的业务特点以及所秉承的“大数法则”风控基础相契合。

在对辖内某银行信用卡业务的现场检查中，湖北银监局以风险管理、收费管理、质量管理等常见违规问题为切入点，利用 EAST 系统分析功能建立了一系列模型，提取了不少违规疑点信息，实现“精确打击”。

信用卡疑似套现在交易数据上常有一些异常表现，如每笔交易金额较大、先还后借且交易间隔时间短、为得到最长免息期交易一般发生在还款日附近，等等。根据这些疑点信息，湖北银监局建立了相关模型，筛选出近千笔存在套现倾向的交易，督促该银行做好风险排查和防范工作。通过 EAST 系统建立模型还筛选出恶意透支的可疑名单，下一步将通过现场检查核实催收情况综合判断。信用卡业务作为 EAST 系统运用的标靶，为下一步这一系统延伸到对银行信贷业务、表外业务及外部风险的现场检查打下了扎实基础。

从实践中来看，通过 EAST 系统的数据直接对接，一方面可以有效克服以往银行机构手工数据录入的选择性规避和操作失误，确保了数据的真实性和一致性；另一方面可以依托系统数据的前期跟踪、监测和分析，准确定位疑点，有效聚焦风险，大幅缩小检查范围，提升检查针对性，实现非现场监管和现场监管的高效联动。EAST 系统还能够充分及时地对数据信息进行处理，为监管人员及时捕捉、监测、分析银行风险创造了有利条件，提升了对风险的识别、预判、预警能力，从而将各类风险隐患更好地消灭在萌芽阶段,提高银行业整体风险防控水平。

为更有效地推广 EAST 系统的运用,上下间的协调联动非常重要。应努力将 EAST 系统打造成一个开放式平台。同时,还应建立跨部门的联动工作机制。由于 EAST 系统科技含量高、技术难度大,推广工作中应注重整合监管人力资源,发挥各部门专业优势,建立沟通联络机制,加强科技与业务部门的融合,提高试点工作效果。EAST 系统可以为现场检查提供线索,为非现场监管提供情况验证,同时也为市场准入提供参考意见;现场检查和非现场监管可以运用 EAST 系统将问题查深查透,这样才能将 EAST 系统用活用足,将其效用发挥到极致。

2.2.3 医疗业

医疗业大数据应用的当前需求来自疫情和健康趋势分析、电子病例、医学研发、临床试验等领域。

(1)疫情和健康分析趋势

利用大数据进行疫情分析,说明这个地方可能某种疾病蔓延,需要实时掌握病情。

Google 和疾管局一样能够掌握流感疫情

2009 年又冒出了一种新的流感病毒,称为 H1N1。这种新菌株结合了禽流感和猪流感病毒,迅速蔓延。短短几星期内,全球的公共卫生机构都忧心忡忡,担心即将爆发流感。有些人发出警讯,认为这次爆发可能与 1918 年的西班牙流感不相上下,当时感染人数达到五亿人,最后夺走数千万人的性命。雪上加霜的是,面对流感可能爆发的困境,却还没有能派上用场的疫苗,公共卫生当局唯一能努力的,就是减缓其蔓延的速度。为了达到这项目的,必须先知道当前病毒感染的范围及程度。

在美国,疾病管制局(CDC)要求医生一碰到新流感病例,就必须立刻通报。即使如此,通报的速度仍然总是慢了病毒一步,大约是慢上一到两星期。毕竟,民众觉得身体不舒服之后,通常还是会过个几天才就医,而层层通报回到疾管局也需要时间,更别提疾管局要每星期才整理一次通报来的数据。但是面对迅速蔓延的疫情,拖个两星期简直就像是拖了一个世纪,会在最关键的时刻,让公共卫生当局完全无法掌握真实情况。

说巧不巧,就在 H1N1 跃上新闻头条的几星期前,网络巨擘 Google 旗下的几位工程师,在著名的《自然》科学期刊发表了一篇重要的论文,当时并未引起一般人的注意,只在卫生当局和计算机科学圈里引起讨论。该篇论文解释了 Google 如何

“预测”美国在冬天即将爆发流感，甚至还能精准定位到是哪些州。Google 的秘诀就是看看民众在网络上搜索些什么。由于 Google 每天会接收到超过 30 亿次的搜索，而且会把它们全部储存起来，那就会有大量的数据得以运用。

Google 先挑出美国人最常使用的前 5 000 万个搜索关键字，再与美国疾病管制局在 2003 年到 2008 年之间的流感传播数据加以比对。Google 是想靠着民众在网络上搜索的关键字，找出感染了流感的人。虽然也曾有人就网络搜索关键字做过类似的努力，但是从来没人能像 Google 一样掌握大数据，并具备强大的处理能力和在统计上的专业技能。

虽然 Google 已经猜到，民众的搜索关键字可能与流感有关，像是“止咳退烧”，但相不相关其实不是真正的重点，他们设计的系统也不是从这个角度出发。Google 这套系统真正做的，是要针对搜索关键字的搜索频率，找出和流感传播的时间、地区，有没有统计上的相关性。他们总共用上了高达 4.5 亿种不同的数学模型，测试各种搜索关键字，再与疾管局在 2007 年与 2008 年的实际流感病例加以比较。这套软件找出了一组共 45 个搜索关键字，放进数学模型之后，预测结果会与官方公布的全美真实数据十分吻合，有显著的相关性。

于是，他们就像疾管局一样能够掌握流感疫情，但可不是一两星期之后的事，而是几近实时同步的掌握！因此，在 2009 年发生 H1N1 危机的时候，比起政府手中的数据(以及无可避免的通报延迟)，Google 系统能提供更有用、更及时的信息。公共卫生当局有了这种宝贵的信息，控制疫情如虎添翼。最惊人的是，Google 的这套方法并不需要去采集体检数据，也不用登门造访各家医院诊所，而只是好好利用了大数据，也就是用全新的方式来使用信息，以取得实用且价值非凡的见解、商机或服务。有了 Google 这套系统，下次爆发流感的时候，全球就有了更佳的工具能够加以预测并防止疫情蔓延。

(2)电子病例

将分散在医院中的各个部门、各式各样的病例集中在云端，医生们可通过语意搜索找出任何病例中的相关信息，进而为医学诊断提供更加丰富的数据。可提供以病患为中心的个人化疗程建议，或针对医疗问题及患病率进行自动诊断。

台湾的医疗黑金：健保数据库

Google 台湾董事总经理简立峰曾表示：“我认为最有价值的宝藏，就是台湾的全民健保数据库。”台湾医疗产业贯穿上下游的数据，全在健保数据库里面，而且几乎所有人都要加入，全世界只有台湾拥有如此完整的数据库。美国麻省理工学院电机与计算机科学院教授 John Guttag 也说，相较于美国，台湾的健保是由政府买单，这让医疗数据取得变得容易，“这是台湾的机会，未来也很有机会从中获利”。

累积15年来，2 300万人民的健保数据库，正等待着识货的伯乐来挖宝。台中荣总医生、阳明大学教授吴俊颖以亲身经历说明，过去医学界只知道，幽门螺旋杆菌跟胃癌有关，但是却没有规模够大、时间够长的临床实验可以证实，他与研究团队借由挖掘台湾的健保数据库，发现服药根除幽门螺旋杆菌，可以降低胃癌的发生率。

这篇论文不只发表在肠胃科排名第一的杂志《肠胃病学》上，更震撼了日本医学界。日本是全球胃癌罹患率最高的国家，当地医生特别把这篇论文翻译成日文，并且说服日本厚生省，对幽门螺旋杆菌感染患者全面采取杀菌疗程，从而不仅影响医师的临床运作、政府决策，甚至有可能改变国际医疗行为准则。

吴俊颖认为，台湾的健保数据库内容巨细靡遗，所有医疗项目都记录得一清二楚，“它像是永不干涸的黑金，当数据越来越多串联和使用，就会越来越有价值”。然而，吴俊颖也提到，健保数据库有个缺点，就是缺乏诊断和检测结果。

美国麻省理工学院教授Peter Szolovits也曾举例说明过，如果有一位病患发现关节肿起来，医生跟他说这“疑似”风湿性关节炎，因此记录风湿性关节炎的费用，可能后来病人发现根本不是这个病，如果把这笔数据用在风湿性关节炎的医疗研究上，那就会变成糟糕的数据，影响研究结果。

“如果能够把健保数据库与医院病历的数据库相结合，那它就会变成最完美的医疗数据库！”吴俊颖提到，病历数据包含检测和治疗的结果，不只对于台湾医疗产业来说非常有价值，国内外的生技和医药大厂，也都会抢着要跟台湾合作。

想象一个情境，有一天当你到南部度假，突然感到身体不适，就近到当地的诊所就医。第一次跟你见面的医生，登录全台湾共享的医疗数据库，调出你在其他医院的病历数据，花几分钟就能对你的身体了如指掌，还能通过临床决策辅助系统，显示出跟你有相同症状的病友群体、使用各种药物的治疗状况，通过大数据分析可以协助医生在最短时间内，找出最适合的治疗方式。

“很多人以为这样的愿景离现实生活非常遥远，其实台湾已经走在半路上了。”台大医院竹东分院院长王明巨如此说道。的确，台湾医疗机构的病历电子化程度很高，很有可能成为全球第一个全部医院通用电子病历的地区。

(3)医学研发

通过实时监测及分析大量的仪器数据，可建构预测模型，并利用统计工具改善临床试验设计，分析临床试验数据，发展个人化医学及疾病发作模式等医疗研发。

利用大数据解决多发性硬化症的算法运算复杂度

位于水牛城的纽约州立大学(SUNY)是一个领先全球的多发性硬化症(MS)研究中心。MS是一种具破坏性的、脑部的神经系统疾病,影响全球近百万人。这种疾病会使人的大脑和骨髓发炎并产生神经病,导致患者可能出现行动不便、视力受损、疼痛等症状。

MS的病因是很复杂的,没有一个单一基因是可能的致病源。因此自2007年以来,SUNY就一直希望通过扫描MS患者的基因组的变化来开发新的治疗方式。具体是通过从原本成千上万的基因序列的变异SNP(单核苷酸多态性),来获得单一样品,研究基因产物和其他基因产物及环境因素的交互作用。

研究人员的想法是以多个SNP变异点结合不同的环境变量,并使用一种被称为"Ambience"的算法,来检测线性和非线性两种数据的相关性,以识别这些交互作用之间的关系。但是这个想法就如同大海捞针,因为环境变量包括实验对象晒太阳的时间长短、维生素D产生的量、吸烟的情况等皆有可能影响研究结果。况且人类的基因由23对染色体所组成,其中包含约30亿个DNA碱基对,这些因变量和自变量数量多到吓人,必须靠建构一套计算量高达10^{18}的高等分析模型才能解决。

因此SUNY与IBM合作,建构一套搭配软硬件的数据分析系统,以往平均需要27.2小时的工作,缩短到现在只要11.7分钟即可完成。而且这套系统不仅大大简化和加速了复杂的分析过程,还提供了不同类型的变量值,如分类变量、泊松分布变量或连续常态变量等。过去,只要研究中增加一个新的变量值,研究团队就必须重新编写整个算法,而现在只需按几个键即可完成。

大数据系统分析的应用除了MS的研究以外,全球估计超过3 300万人感染,至今没有方法可以完全治愈的艾滋病,以及罕见疾病等,都已开始利用大数据进行大型的医学研究。

(4)临床试验

临床试验借由大数据而有了重大的改变,可利用临床试验数据、仪器读数等,进行比较效果研究,开发临床决策支持系统,实现远距病人监测及加强医学数据透明度等。

拥有数据保护的早产儿

所谓的早产儿是指怀孕不到37周就提早出世的宝宝。这些提早降临人世的小仙子,如果出生后体重不到1 500克,很可能会因为免疫系统尚未发育完全而受到感染,一旦感染之后就很容易引起呼吸衰竭、肺出血及败血症。

不过，加拿大多伦多市立儿童医院里的早产儿，却可以睡得特别安详，因为他们是有数据保护的“Data Baby(数据宝贝)”。随着医疗设备的发展，利用医疗监测仪器监测病患的生命体征，如血压、心跳和体温等，已经是非常普遍的事了。通常这些仪器还具有警报功能，一旦生理的数据超出正常范围时就会发出警示，医疗人员就会采取因应行动。但是即使医术再精湛、经验再丰富的医护人员，可能也无法准确地察觉这些异常的发生时间和严重性，尤其当发生在脆弱的早产儿身上。

根据美国弗吉尼亚大学追踪以往的数据显示，新生儿受到感染的 12 到 24 小时内，因为脉搏和心跳几乎都在可接受的范围内，因此医护人员很难从生命体征数据的改变中察觉，等到警示灯响起，常常为时已晚。

连续监测和记录这些生理性数据，可以观察到新生儿遭受感染的早期征兆，但数据量实在太过庞大了。估计这些监测设备每一秒钟就会产生 1 000 个读数。以往是 30 到 60 分钟由医护人员归纳出一个数据作为记录，然后储存 72 小时。如果要把这些读数统统记录起来，根本是不可能的事。

但这项不可能的任务，并没有吓跑安大略省理工学院和 IBM。他们使用来自华生研究中心的最新技术，利用江河运算平台支持大量数据的收集和分析，一天 24 小时不间断地收集和记录着包括早产儿的体温、心跳、血氧饱和浓度和血压等电子监测仪器产生的大量数据，以及周遭环境如温度、湿度等相关数据。

在保护病人隐私的安全考虑下，这些数据会直接传到安大略省理工学院研究中心和 IBM 华生研究中心；系统会分析和研究哪些因素的交互作用会造成感染，甚至哪几床的新生儿因为符合条件较多，出现疾病或感染的风险较大。之后，系统再将分析结果提供给医护人员比较判读。这些动作都在数秒内完成。借由这项计划，新生儿病房里的医护人员已经可以提前 18 到 24 小时，预防新生儿败血症的发生。

2.2.4 制造业

制造业大数据应用的需求主要是产品研发与设计、供应链管理、生产、售后服务等。可免除产品研发过程中不必要的重复及改善生产和组装的流程，以提高整体价值链的竞争力，也可让产品更符合消费者的需求，提高产品的价值。此外，业者还可开发创新的服务和业务模式，提高竞争力。

(1)产品研发与设计

首先建立共同的跨部门研发和产品设计数据库，让供应链中的伙伴同步进行产品与程序设计、仿真和实验，并支持内部人员与外部伙伴同步创作。之后，汇总和分析客户数据，以提高服务质量、挖掘向上和交叉销售的机会，并依照客户喜好

和需求研发出更具附加价值的产品。

揭秘 ZARA 的大数据:把消费者声音化成数字!

ZARA 平均每件服装价格只有 LVMH 的四分之一,但是,回看两家公司的财务年报,ZARA 税前毛利率比 LVMH 集团还高 23.6%。一间曾濒临破产的公司,是如何成为现在世界四大时装连锁机构之一的?大数据的应用,可说是为 ZARA 带来亮眼的销售成绩。

在 ZARA 的门店里,柜台和店内各角落都装有摄像机,店员随身带着平板电脑。目的是记录顾客的每个意见,如顾客对衣服图案的偏好、扣子的大小、拉链的款式之类的微小意见。店员会向分店经理汇报,经理上传到 ZARA 内部全球信息网络中,每天至少两次传递信息给总部设计人员,由总部做出决策后立即传送到生产线,改变产品样式。

关店后,销售人员结账、盘点每天货品上下架情况,并对客人购买数据与退货率做出统计。再结合柜台现金数据,交易系统做出当日成交分析报告,分析当日产品热销排名,然后数据直达 ZARA 仓库系统。

收集大量的顾客意见,据此做出生产销售决策,这样的做法大大降低了存货率。同时,根据这些电话和计算机数据,ZARA 分析出相似的"区域流行",在颜色、版型的生产中,做出最靠近客户需求的市场区隔。

在 2010 年,ZARA 同时在六个欧洲国家成立网络商店,增加了网络大数据的串联性。2011 年,分别在美国、日本推出网络平台,除了增加营收,在线商店强化了双向搜索引擎、数据分析的功能。不仅反馈意见给生产端,让决策者精准找出目标市场;也对消费者提供更准确的时尚信息,双方都能享受大数据带来的好处。分析师预估,网络商店为 ZARA 至少提升了 10%营收。

此外,在线商店除了交易行为,也是活动产品上市前的营销试金石。ZARA 通常先在网络上举办消费者意见调查,再从网络回馈中,撷取顾客意见,以此改善实际出货的产品。

ZARA 将网络上的大数据看作实体店面的预测指针。因为会在网络上搜寻时尚信息的人,对服饰的喜好、信息的掌握、催生潮流的能力,比一般大众更前卫。再者,会在网络上抢先得知 ZARA 信息的消费者,进实体店面消费的概率也很高。

这些顾客数据除了应用在生产端,同时被整个 ZARA 所属的 Inditex 集团各部门运用,包含客服中心、营销部、设计团队、生产线和渠道等。根据这些巨量数据,形成各部门的 KPI,完成 ZARA 内部的垂直整合主轴。

ZARA 推行的海量数据整合,后来被 ZARA 所属 Inditex 集团底下八个品牌学习应用。可以预见未来的时尚圈，除了台面上的设计能力，台面下的信息数据大战，将是更重要的隐形战场。

H&M 一直想跟上 ZARA 的脚步，积极利用大数据改善产品流程，成效却不彰，两者差距愈拉愈大，这是为什么？

主要的原因是，大数据最重要的功能是缩短生产时间，让生产端依照顾客意见，能于第一时间迅速修正。但是，H&M 内部的管理流程，却无法支撑大数据供应的庞大信息。H&M 的供应链中，从打版到出货，需要三个月左右，完全不能与 ZARA 两周的时间相比。

因为 H&M 不像 ZARA，后者设计生产近半维持在西班牙国内，而 H&M 产地分散到亚洲、中南美洲各地。跨国沟通的时间，拉长了生产的时间成本。如此一来，即使大数据当天反映了各区顾客意见，也无法立即改善。信息和生产分离的结果，让 H&M 内部的大数据系统功效受到限制。

大数据运营要成功的关键，是信息系统要能与决策流程紧密结合，迅速对消费者的需求做出响应、修正，并且立刻执行决策。

(2)供应链管理

建立需求预测和供应规划的机制，改善产品供应和销售管理。

全球供应链管理

日本一家照明用具制造商共生产两万多种照明产品，其中也包括 LED 灯泡，由于产品阵容庞大，生产线流程相当复杂，国内外的供货商和业务伙伴也多。

这家公司内部没有集中的供应链管理机制，包括市场需求预测、生产排程和销售策略的规划等，一直都是由各业务部门和区域分公司独立执行。当公司仅在日本本地营运时，这种方法还堪用，但随着营运触角不断延伸，他们发现供应链的管理愈来愈困难，经常出现出货延误的状况。

为了解决这个问题，他们打算建立一套全球整合的供应链管理系统，把采购、生产、销售、库存和供需规划全部集中管理，并借这个机会加强各生产线和生产基地之间的协调。因此，他们建立供需管理系统，统筹管理国内外生产线。除了整合各分公司的产销和财务等流程外，系统还能够评估会影响供需的各项因素，包括市场需求的季节性波动趋势、气候变化和天气状况，以及非预期型的事件或意外等，以模拟出可能会对供应链带来什么影响，再用简单的可视化方式呈现出来，让管理人员快速掌握供应链中较为脆弱的环节，以提早预测可能发生的问题，进而改善某些特定流程。

例如：依据分析，下个月欧洲市场对 LED 灯泡的销量预计将增加 25%。散热模块和其他关键零组件主要产地在中国，但有地利之便的中国工厂却因连续几个月接到大单，生产线已经排得很满，如果等中国生产线空出来，不知会不会延误出货，后续又会不会影响到铺货和仓库的作业呢？如果到离欧洲市场较近的土耳其生产，可以准时供货吗？

因此该公司可以模拟几种不同的情境，通过模拟的方式，公司可以事先比较几种情境对供应链的影响，及最终会带来多少销售和财务绩效，以找出合理、潜在效益最高的排列组合，避免因来不及生产而延误出货。目前该公司已经把准时出货的比例提高到98%，让销售更有保障，而且，由于事前已评估最佳的生产、销售和库存选项，还能省下不必要的浪费而强化财务表现。

2.2.5 政府部门

政府大数据应用的需求，目前有三大方面：大数据的政府信息公开、公众及企业行为分析、城市数据。

(1)大数据的政府信息公开

利用政府数据搜集的优势，采用数据开放(open data)的原则，推进政府信息公开，提高数据透明度。把不受著作权、专利权，以及其他管理机制所限制，经过挑选与许可的原始数据，开放给社会大众，让任何人都可以自由运用。

美国政府同意科技业者公开更多政府请求信息

美国司法部长 Eric Holder 与国家情报局局长 James Clapper 在2014年1月27日发表联合声明，指出美国政府将同意通信服务供货商揭露更多有关政府对于国家安全命令与请求的信息，包括请求数量与被锁定的用户数量。

此一声明是来自美国总统奥巴马2014年1月初要求进行情报改革的指示。Eric Holder 与 James Clapper 表示，虽然这类的数据迄今仍属机密，然而美国情报局与其他机构已经确认，揭露这些信息的公众利益已超越这些数据被归类为机密的国家安全考虑。

包括 Google、微软、苹果、Facebook 与 Yahoo 等公司都曾向美国国外情报监视法院(Foreign Intelligence Surveillance Court)要求揭露更多有关政府通过他们的服务监控用户的数据。过去美国政府仅允许公司透露非美国家安全的政府请求数据，在涉及国家安全的部分禁止公司公布实际的数字，这次的声明则松绑了此限制。

Eric Holder 与 James Clapper 还说，允许揭露相关数据的搜集解决了大众所关心的一个重要问题，未来几周将采取额外的措施来执行总统的改革指令。

在此一消息公布后，微软、苹果、Google、Yahoo 与 LinkedIn 等公司也发表了联合声明，指出提出诉讼的原因是他们相信大众有权知道公司所收到的有关国家安全所请求的数量与形态，除了很高兴取得司法院的赞同外，他们也将继续推动国会来进行其他必要的改革。

(2)公众及企业行为分析

政府利用搜集到的数据，可分析和预测经济走势，采取更合理的解决方法与政策；可分析选情，预测选民投票动向和竞选走势；可提高政府部门行政效率，减少错误和舞弊；可分析及监测国家安全，监控和分析国民的电子邮件、聊天记录、照片等数据，进而保障公共安全，防止恐怖攻击。

奥巴马用大数据打赢大选

大数据在奥巴马竞选中发挥关键且重要的作用。奥巴马竞选阵营的数据分析团队为竞选活动搜集、储存和分析了大量数据，帮助其竞选团队成功“策划”多场活动，为奥巴马竞选筹集到 10 亿美元资金。

据美国《时代》杂志报道：2012 年春天奥巴马竞选阵营的数据分析团队注意到，影星乔治·克鲁尼对美国西海岸 40 岁至 49 岁的女性具有非常大的吸引力。她们是最有可能为了在好莱坞与乔治·克鲁尼和奥巴马共进晚餐而自掏腰包的族群。而最终乔治·克鲁尼在自家豪宅举办的筹款宴会上，为奥巴马筹集到数百万美元的竞选资金。

不只在西岸，竞选团队同样希望东海岸也能如法炮制“乔治·克鲁尼效应”的成功经验。最后大数据分析把箭头指向了莎拉·杰西卡·帕克，于是一场在莎拉·杰西卡·帕克的纽约 West Village 豪宅与奥巴马共进晚餐的募款竞争便诞生了。

对于普通民众而言，他们根本不知道这次活动的想法源于奥巴马数据分析团队对莎拉·杰西卡·帕克粉丝研究的重大发现：这些粉丝喜欢竞赛、小型宴会和名人。竞选主管在此次选战中打造了一个规模五倍于 2008 年竞选时的数据分析部门，这个由几十人组成的数据分析团队的具体工作被严格保密，有关这个团队的更多细节是不会对外透露的，因为奥巴马竞选阵营牢牢固守着他们自认为比罗姆尼竞选阵营有优势的地方，即数据。

这种协助筹款的技术随后又被用于预测投票结果，使他们可以准确了解每一类人群和每一个地区选民在任何时刻的态度，这带来了巨大的优势。当第一次电视辩论结束后，选民的投票倾向发生改变。而数据分析团队可以立即知道什么样的选民改变了态度，什么样的选民仍坚持原来的投票选择。再者，每天晚间高达6.6万次大选结果被模拟以考虑多种不同情况，并于第二天上午获得结果，了解在各州胜出的可能性，从而针对性地分配资源。

这种根据数据分析的决策方式在奥巴马成功连任的过程中发挥了重要作用，从前依赖预感和经验的华盛顿特区竞选专家地位正在迅速下降，并且被善于利用大数据分析的专家和程序设计师所取代。

(3)城市数据

对城市的基础设施、交通管理、防治污染等，进行分析及管理。根据其结果进行设施维护与建造、解决交通拥堵问题、创造良好的生活质量。

掌握野火走势，减少伤亡扩大

无情的野火不仅给人类带来巨大的生命及财产损失，还使得气候变化、空气污染和丧失生物多样性等问题进一步恶化。如：2009 年发生的澳大利亚维多利亚森林大火就导致 2 000 多所房子被焚毁，175 人死亡，造成经济损失高达 15 亿美元。2012 年所发生的美国科罗拉多州野火，也迫使附近居民 32 000 人仓皇逃离家园，大火灰烬直冲云霄，高达 6 100 米，也为当地生态带来一场浩劫。

马里兰大学巴尔的摩分校(UMBC)从 2008 年开始研究野火烟雾(wildfire smoke)的扩散模式，以帮助消防及官员实时评估火势。以往，烟雾模型分析仅限于气象预报，且大多是以低分辨率卫星图辅以一线工作人员的意见，大约每 6 小时才能更新一次；然而现在利用 IBM 的江河运算系统，分析森林大火的烟雾方向时，研究员可以立即处理从无人驾驶的飞机、高分辨率的卫星图和空气质量传感器收集到的大量数据，建立驱散烟雾的有效模型，并且随时更新。

要建立烟雾扩散的数学模型非常不容易，因为它会随着不同的风向、气候，甚至是人为因素而随时改变。同时，因每一个地方的扩散烟雾颗粒浓度不同，数值也会不断的变动。因此，研究人员首先要从多个管道，如美国航空局、国家海洋及大气管理局建置的空中卫星传感器，以及地面上的烟雾探测器等收集实时的空气质量。

不过，由于美国国家海洋与大气管理局设定的静止卫星大约每半小时测量一次，而 NASA(美国国家航空和航天局)提供的轨道卫星，测量操作一天两次，所以还需要搭配无人飞机回传的影像，以此更准确地判别空气中烟雾颗粒物质的浓度。

之后系统将通过数据分析系统里的气滞扩散模型，预测烟雾颗粒在大气中扩散的走向,并以此计算相对应的空气质量监控虚拟模型,协助消防人员更准确地了解森林火灾的蔓延趋势,实时发布预警,以减少死亡人数与财产损失。

目前研究还在进行当中,但是这是人类第一次有能力利用数据分析,对火灾进行预测,且准确率较先前提高约16%。这仅是科技带动污染防治和公共安全的第一步,更是利用人类科学的方法,清洁地球、恢复生机的开始。

2.2.6 电信业

电信公司是数据的交换中心,例如:每通电话都会产生一个通话记录,其中涵盖的数据有发话端的电话号码、接话端的电话号码、通话开始与结束等。随着移动设备及智能手机的普及,更加速了数据量的暴增。在电信公司中每天都产生大量且有价值的数据,其可应用在客户行为分析、通信及网络质量改善等方面。

(1)客户行为分析

电信公司收集来自各种产品和服务的客户行为信息,并进行相对应的服务改进、通信及网络质量改善且提高客户的续约率,并从中挖掘出有价值的信息,以辅助营销策略规划,进而达到提升企业竞争力的目的。

助 Smartfren 提升运营效益

Smartfren 作为印度尼西亚本土最大的电信业,面临着 Telekomsel、Indosat 等多家电信业的激烈竞争,长期饱受用户流失率高、新增用户发展缓慢等问题的困扰。其传统运营支撑系统由于缺乏大数据挖掘分析能力,在目标用户识别、用户群细分、用户行为分析等方面无法有效支撑市场营销活动,导致营销活动针对性不强,营销手段单一,缺乏对营销效果的有效评估和对休眠用户、高危用户的主动挽留维系。

因此,Smartfren 利用大数据,提出精准营销的解决方案,其通过对账单、计费、客服、信号等多元与异构数据的深度挖掘分析,从用户属性(用户信息、历史消费数据、终端信息、营销活动参与信息、用户价值评估等)和用户行为(兴趣、业务偏好、位置轨迹、业务体验、上网特点等)维度实现立体画像与精准分群,对离网预测用户、潜在数据业务用户、高价值用户等目标客户群进行精确识别,为市场营销活动提供了有力支撑;同时,系统提供可视化产品开发工具,可根据市场需求变化快速定制、生成和部署新型营销策略,实现目标市场和资费策略的最佳匹配,并关联客服、营业厅、短信、电子邮件等客户接触渠道,选择最合适的营销路径进行精准营销,从而实现营销资源的高效整合。

2013 年 5 月,Samrtfren 大数据精准营销系统正式上线。在系统商用最初的两个月，依托新型的大数据营销平台，实现了对目标市场和目标客户群的精准细分，利用主动营销、事件营销、触点营销等丰富的营销手段，有效开展市场营销活动，使 Smartfren 的营销转化率提高到 6.6%，月利润增长了 3.1%，离网率降低到 0.8%，运营效益显著提升。

(2)通信及网络质量改善

通信及网络质量改善是进行信号监测，分析流量变化等，并根据分析结果调整资源分配。通过历史流量数据及专家系统结合，建立预警模型，可以有效辨识异常流量，防止通信及网络堵塞或者病毒传播等异常。

大数据网规网优：协助运营商精细化经营

传统的网络规划主要依赖建设经验累积，对网络质量、网络建设规划缺乏有效的数据支撑和科学的评估方法，在网络建设投资日趋紧张的今天，无法保障有限资源的精准投放；而传统的网络优化方案以路测、客户投诉等数据为主，数据源单一，往往以事后补救为主，人力成本居高不下，无法主动预测和预防问题的发生，而且网络优化结果无法进行量化，得不到相关部门的认可，无法逐步提升用户满意度及企业关键绩效指标。

中国的中兴通讯联合某运营商采用创新的大数据网规网优解决方案，成功利用海量运营数据挖掘分析，从全网视角和用户感知维度，为网络建设提供科学的指导和支撑。

该方案以经营为导向，以优化网络覆盖、提升网络质量和客户服务为目标，通过融合多源数据，实现经营资源的整合，力助运营商进行网络的精细化运营。

该方案具有如下特点：

多维数据分析，为网规网优提供有效的数据支撑。大数据网规网优解决方案突破单一数据源限制，通过引入信号、位置、用户等关联数据，实现多维数据综合分析，从用户满意度视角全面透视和分析网络质量、网络资源和小区价值，建立科学的网络质量评估体系，为网络规划和优化提供更加准确的数据支撑。

支持端到端的客户体验死循环管理，实现客户体验可视、可管、可经营。利用丰富的网络运营数据，建立科学的指针模型，提供灵活的建模工具和严格规范的方法论，实现快速故障定位。支持 VIP、VAP 用户关怀，端到端的 QoS 保障等多重用户体验保障，并根据用户行为、终端分析结果等，快速形成业务推荐、终端选型、渠道推荐等经营建议，改善用户业务体验。

快速部署，有效降低建设投资成本。通过对运营数据的采集和分析，实现业务质量、用户分布等指标的综合分析，快速建立全网质量评估和故障发现体系，实现网络规划和优化的精准定位与快速部署，降低资本支出。

融合经营数据，支持从网络运营向网络经营的转型。通过价值小区筛选、多接入协同规划等手段，支持用户体验提升，并同价值小区规划相结合，强化价值小区的流量经营、客户关怀等经营活动，实现价值小区的深度经营，支撑从网络运营向网络经营的转型。

该项目中首次采用了创新的用户感知指针，从小区质量、流量价值和用户价值等维度，实现了对全网指标的科学量化，帮助运营商从价值维度对建设资源进行有序投放，加强 VIP 用户业务体验保障，有效支撑了网络建设和价值用户的关怀维系。

大数据在电信领域的价值正逐步展现，随着对数据理解的不断深入和数据应用合作的不断深化，大数据必将成为推动运营商向数据经营和数据服务转型的驱动力，创造更大的商业价值。

2.2.7 交通物流业

交通物流业的大数据应用需求主要通过数据分析功能来进行智能型交通管理和预测分析，如对违法车辆进行追踪，提高违法车辆追踪的效率；对交通流量进行实时的分析和预测，减少道路堵塞等。

(1)交通使用分析和预测

大数据技术能提高交通营运效率、道路的通行能力、设施效率和调控交通能力。

TomTom 卫星导航 HD Traffic

来自荷兰的卫星导航领导品牌 TomTom 公司，利用实时监测超过 8 000 万部匿名的移动电话，100 万台以上的 TomTom Live 卫星导航机在路面上的移动速度，搭配 RDS-TMC 的道路交通信息系统，建构一个完整而且实时的交通数据库，通过 GPRS 将实时的道路信息，例如某路段的现在平均速度、红绿灯交换频率、路段在每星期不同日子的平均速度、道路施工状况以及事故状况的数据，以每两分钟一次的频率及时推播给卫星导航机甚至装在苹果手机或是安卓手机上的 TomTom 导航 App，路径规划算法便可以根据现在的路况做实时修改，为驾驶员提供一条当前的优化路径，节省宝贵的时间，即便你身陷车阵当中，也可以精准地知道延误的时间。根据目前的统计数据，使用此服务的驾驶员平均可以节省 15%的行车时间。

下图引自“TomTom Live Traffic”中纽约曼哈顿的实时路况数据，传统的最短或是最快速路径规划法，搭配实时路况数据帮助驾驶员避免进入堵塞或是施工路段。

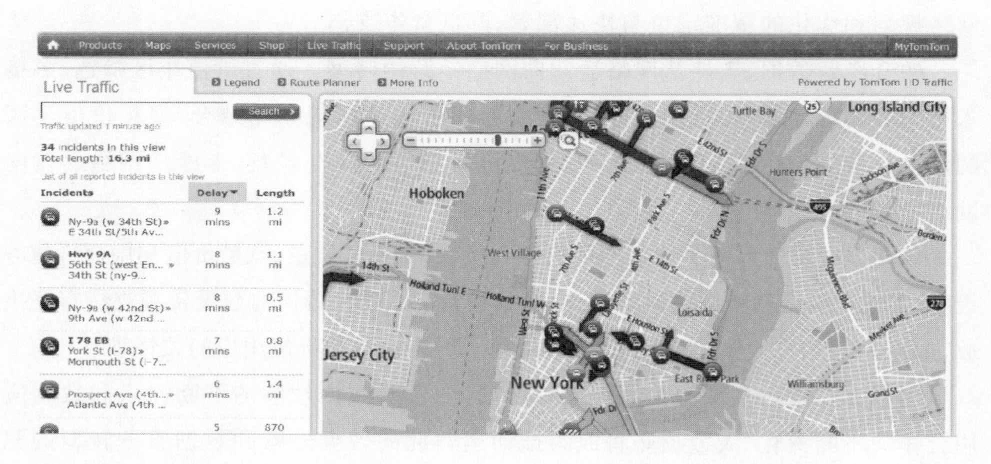

下图左图为最短路径规划，右图为真实行驶时间历史记录，可以看到红绿灯的多寡频率以及真实行驶速度大大影响了路径规划的策略。

此外这种运用实时数据运算建立的卫星导航路径规划，不仅仅可以用在一般开车的驾驶员身上，更可以帮助运输业建立车队管理系统，以更有效率地规划车队分配，最佳路径规划(多中继点路径规划)让运输业者可以用最小的车队规模，最少的油耗量，达到最佳的运输量以及最精准的递送时间，在全球一片节能低碳的声浪中，大数据的技术帮助 TomTom 成为绿色企业，也帮助其解决方案使用者加入行动。

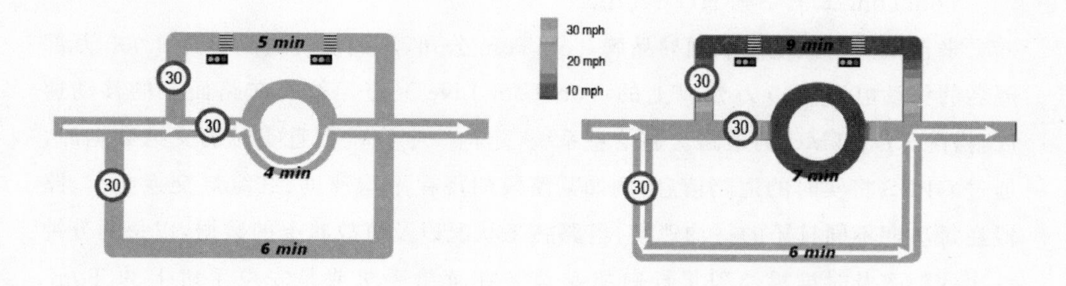

(2)交通安全分析和预测

大数据技术的实时性和可预测性，有助于提高交通安全系统的数据处理能力。在驾驶员自动检测方面，驾驶员疲劳视频检测、酒精检测器等装置，可检测驾驶行为、身体与精神状态是否正常。同时，联合路边探测器检查车辆运行轨迹，大数据技术快速整合各个感应数据，建构安全模型后综合分析车辆行驶的安全性，进而有效地降低交通事故发生的可能性。在紧急救援方面，大数据以其快速的反应时间和综合的决策模型，为紧急决策指挥提供帮助，提高紧急救援能力，减少人员伤亡和财产损失。

中国深圳市交通警察局:交通管理已进入大数据时代

在北京由中国道路交通安全协会、中国汽车技术研究中心和中国经济网共同主办,以“道路交通安全:共同的责任”为主题的“2013 中国道路交通安全论坛”的会议上,深圳市交通警察局方面表示,物联网、车联网的发展,给智能交通带来了新的契机,人工运转的传统模式已经无法解决当前的交通管理问题,随着城市监控设备的大规模建设,交通安全管理已进入大数据时代。

随着中国经济的快速发展和城镇化的加速,人、车、路的矛盾日益突出,交通堵塞、交通事故频发,这些问题不仅仅是一线城市所特有的,开始逐步蔓延到二三线城市,靠人工运转的传统模式已经无法解决当前的交通管理问题。同时,随着城市监控设备的大规模建设,各类传感器和信息终端已经遍布全市,这些设备每天都为交通管理者提供了海量的数据,也为更好地提升交通管理水平提供了前所未有的机遇。

深圳市交通警察局方面有关负责人表示:“如何从这些大数据中寻求解决城市交通问题的方法,这对我们交通管理参与者的数据驾驭能力都提出了新的挑战。”

深圳市交通警察局将交通管理数据分为动态数据和静态数据,包括道路监控的视频,电子警察和抓拍图片,以及传感器、路面执法人员采集的车辆和驾驶的信息,查处的违法信息,车辆和驾驶员档案,等等。交通管理数据有四个特点:第一,数据量大,交通出行涉及每一个市民,每天都会产生大量的数据,数据都达到 TB 级别以上;第二,处理速度要求快,时效性要求强,速度要求是大数据处理技术和传统挖掘的最大区别;第三,类型繁多,包括视频、图片、二维图表各种数据;第四,价值复杂。

大数据和云端计算的强大能力、可靠性和扩展性,对交通部门的管理模式、勤务模式、指挥模式等有着巨大推动作用。

目前深圳交通警察局已经建成智能交通管理服务体系,该体系以交通公共信息平台为基础,整合了信息采集、信息控制、诱导发布、勤务管理、智能交通违法管理和闭路电视六大系统。通过传感器收集的信息,及时发布堵塞信息,调控路网信号灯等,指挥调度警力,全面提升了交警系统的精准指挥、科学考核的管理水平。该体系在 2012 年 8 月于深圳主干道推出以来,违法行为得到了遏制,日均交通违法量环比下降 90%,道路流量大幅上升,车速稳中有升。

物联网、车联网的发展,给智能交通带来了新的契机,云端计算也使庞大的信息处理变得更加简单,随着未来技术应用不断拓展,管理模式不断创新,大数据、大交通、大管理的概念将逐步形成,科技也将从保障、维护的角色逐步过渡引领实战。

2.3 大数据的运用深度

到目前为止,在本章节中介绍了大数据应用流程、大数据在各产业的应用,对各案例整理及归纳后,可以将大数据的运用层面及深度循序渐进地分为以下四种:

2.3.1 掌握过去与当前信息

要运用大数据,就得由搜集数据开始。尽全力累积数据、确认事实,是必须做的第一步。所谓的数据,可能是顾客购买的商品、金额,血压、体重、病历数据,Twitter 的推文等,里面有些数据是刻意去测量的,也有些根本就是在无意识中累积下来的各种生活数据。

其中不只是人类的数据,还包括服务器登录记录、智能电表的数据、车用传感器所侦测到的车辆位置与速度数据、来自移动电话或智能手机的地点位置数据、飞机的起降数据、气象数据、农作物的生育数据,等等。

此外,也有不针对数据进行分析处理,只是纯粹对实时发生的大量数据进行监控,将“发现异常值”视为运用大数据目的之一的情况。然而,除了明显可知为异常的单纯情况外,通常必须事先界定“何种情况应视为异常值”,尤其在大数据的应用上。

2.3.2 发现行为模式

累积大量数据后,便必须运用数据挖掘或机器学习等技术,由庞大的数据中,挖掘出对业务会造成某影响的、有意义的行为模式(成功或失败的行为模式等)。

比方说,如 2.2 节中零售业的货架商品关联分析中,通过关联分析,由庞大的客户消费数据中找出哪些商品有被一并购买的倾向(称其为“并买模式”)便能通过精准推荐,有效地进行交叉销售。

如果能以自然语言处理技术,针对客户打进客服中心的电话内容或 Twitter 的推文内容进行情感分析,然后进一步进行数据挖掘、找出优良客户流失到其他公司“流失模式”的话,也许就能尽早找出对策、防止顾客解约。

或者是,如果能累积来自汽车或复印机等设备的大量传感器数据,也许就能利用使用频率或消耗品耗损程度等数据锁定出“发生问题的模式”。

这些案例的共通点，皆是希望通过对大数据的分析，尽可能找出提高胜率的“胜利方程式”。

2.3.3 预测未来

一旦能够分析出成功或失败等模式，接下来只要把输入的数据与这个模式比较对照，就能够进行预测。一个众所皆知的经典案例“买尿布的客人，有很高的概率会购买啤酒(即 2.2 节零售业中尿布与啤酒的销售连带关系案例)”就是运用了前面提到的“并买模式”，像这样的情况，如果能把个人特质或过去的消费记录也一并纳入分析，就能以更高的准确度预测这位客户接下来会买些什么。

另外，如果在打进客服中心的电话或 Twitter 的推文内容里，包含了被归类为“流失(解约)模式”的关键词，就表示该客户有很大的可能性会解约。

2.3.4 优化

由过去到现在的大量数据中可发现某种模式，并对将来进行预测。然而大数据的运用，并非到此为止。没有伴随任何行动的“预测”，其价值发挥了一半，重要的是，我们应该依据预测的结果进行“优化”。

“优化”的方式可能有很多种。比方说，如果能由个人特质、消费记录，进行适当且精准的推荐，就能在最后的临门一脚，如：在收银台把该商品的优惠券递给客人，这便是一种优化。

电信公司如果能在事前预测到有优良客户即将流失，而赶紧实施折扣优惠、积分双倍等具体措施以防止解约，这也是一种优化的方式。前提是必须在事前就分析好这位客户是否对折扣活动有反应，或者是否喜欢累积积分。

所谓的依预测结果进行优化，其具体做法其实是依各公司的创意而异。是否能找出足以形成与其他公司间差异化的优化方案，正是考验各公司的功力所在。

第三章

支撑大数据的技术

3.1 大数据技术的变迁

由于大数据相较于以前传统的数据更大量、形态更复杂、变动也更快速,所以和传统非大数据的分析平台相比,大数据分析平台所需应用的技术也不一样。

在分析大数据的平台上,主要面临的挑战与变迁是数据的多样性(variety)。大数据的数据形态更加的多元,其包含结构化、半结构化、非结构化的三大数据形态。关于多样性的详细介绍请见 1.3。

面对大量的半结构及非结构化数据,要如何处理、储存、分析、应用这些数据呢? 本章节将分为三大部分:大数据的储存和处理技术、大数据查询和分析技术、大数据的执行和应用技术,详细介绍因应大数据的产生而产生的大数据分析技术。

3.2 大数据储存和处理技术

面对大数据的多样性,在储存和处理这些大数据时,我们必须知道两个重要的技术,其分别为:数据仓库技术、Hadoop。当数据为结构化数据,来自传统的数据源,则采用“数据仓库技术”来储存和处理这些数据;当数据为非结构化数据,“Hadoop”则是最适合的技术,如图 3-2-1 所示。

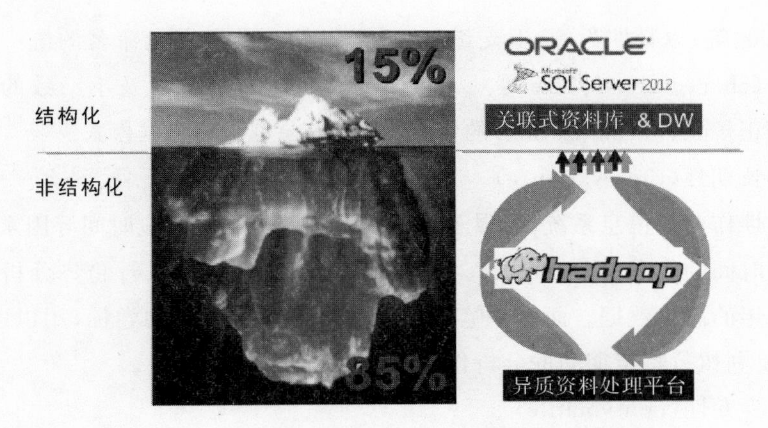

图 3-2-1 结构与非结构化的大数据储存和处理技术

3.2.1 数据仓库

结构化数据,包括企业的 ERP、CRM、SCM 和人力资源管理等应用系统,以及支持日常业务应用的核心系统等。这些系统产出的结构化数据保留在关系数据库内,按照事先设定的格式或结构所组成。但一个企业可能同时拥有好几个数据库,若这些数据库间各自独立,数据就等同于被拆散在不同的数据库中,因此将会很难拼凑出营运的全貌。此时,数据仓库就变成了重要的角色。

(1)数据仓库概述

数据仓库是指具有主题导向、整合性、长期性与稳定性的数据群组,是经过处理整合,且容量特别大的关系数据库,用以储存决策支持系统(design support system)所需的数据,供决策支持或数据分析使用。

• 主题导向(subject orient)

满足日常作业需求的信息系统,其重点在于相关的应用软件是否符合业务所需,而为使系统响应时间缩短,其数据库或文件系统的设计常各自独立,且数据内容常有重复或不一致的现象。就银行业而言,以贷款、放款或信用卡部门为例,各部门均使用其专属的客户档案,因其含有业务所需的数据字段。

数据仓库的信息系统,其重点在于企业经营时,重要主题组件。同以银行业为例,客户、产品及交易即为重要的主题组件。各应用系统中此三类主题,在通过相关的整合后,便能反映企业经营的状况。

• 具整合性(integrated)

当确认相关的主题组件后,各应用系统的数据须经过整合,以便执行相关分析作业。例如:数据内容的一致性(以性别为例,男/女、M/F、0/1 等;以长度为例,

cm、m、Feet 等;以日期为例,干支纪年、公元年等);数据字段命名的统一;数据属性的统一(char、decimal、date 等)。另外,为避免数据的重复及不一致的现象,须执行相关正规化(normalization)的作业,3NF 为一可用的数据模式。

• 具长期性(time variance)

日常性作业的信息系统,受限于软硬件设备的容量及响应时间等因素,常无法保留太长时间的信息(60～90 天)。而数据仓库系统,为了执行趋势分析,常须保留 1～10 年的历史数据。而每一笔数据均会含有一个时间的卷标,用以区别数据的时点,以利执行特定期间的分析作业。

• 具少变性(non-volatile)

日常性作业的信息系统,其数据内容常常频繁地存取及异动。当数据从日常性作业的信息系统中转入数据仓库系统后,主要用于大量数据查询及分析;事实上,从忠于原始数据源的角度来看,异动数据仓库内的数据,是不合理且不道德的做法。

(2)数据仓库架构

• 分布式的架构(数据超市)

数据超市是企业级数据仓库的子集,建置的目的是为企业中个别的部门或单位服务。数据超市通常只为了特定的决策支持应用程序或使用群组服务,通常是由下到上利用部门的资源来建置。数据超市通常只有特定主题的汇总或详细数据,其建置虽然较为容易,却无法达成企业对信息一致性的要求。特定的数据超市仅可满足特定使用者的需求。当有跨数据超市的应用需求时,必须再经由一次数据转换作业,故使用时极为不便。其分布式架构如图 3-2-2 所示。

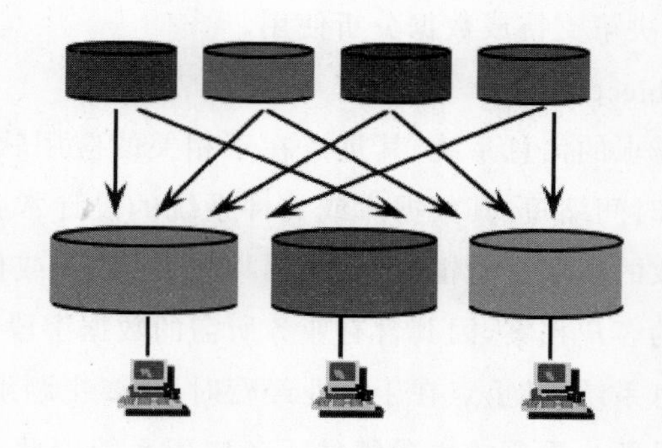

图 3-2-2　分布式架构

• 集中式的架构 (数据仓库)

企业级的数据仓库所包含的是全企业的信息,这些信息整合自多个运作系统的数据源。一般而言,其是由数个主题领域所组成。企业级数据仓库的信息包括实时的详细信息、汇总的信息,数据库的容量可能从 50GB 到 1TB 不等。企业级的数据仓库的建置与管理往往非常昂贵且耗时;建立的方法通常是从上到下由统筹的信息服务单位主导。其集中式架构如图 3-2-3 所示。

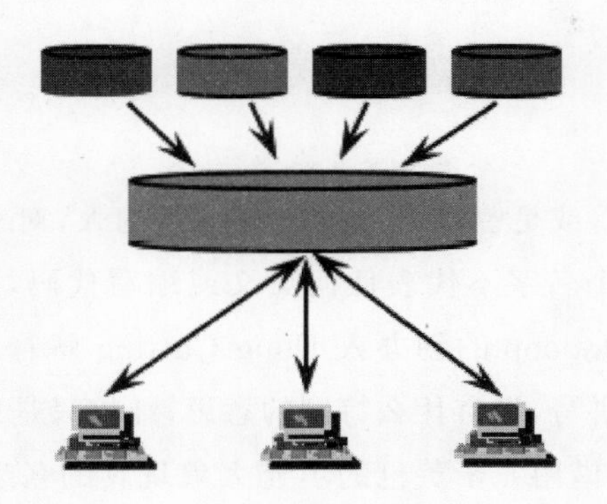

图 3-2-3　集中式架构

在此集中式架构下,亦有两种建置模式:

(1)中央数据超市

该模式虽然可将企业的数据统整在一起,却不提供对所有明细数据的查询,用户仅可接触部分的数据而已。此种架构无法满足各类的应用需求,如图 3-2-4 所示。

(2)企业数据仓库加独立数据超市

可满足所有的应用需求。使用者可在独立数据超市中快速地查询大分类的信息,亦可依需求至企业数据仓库内查询明细的数据,如图 3-2-4 所示。

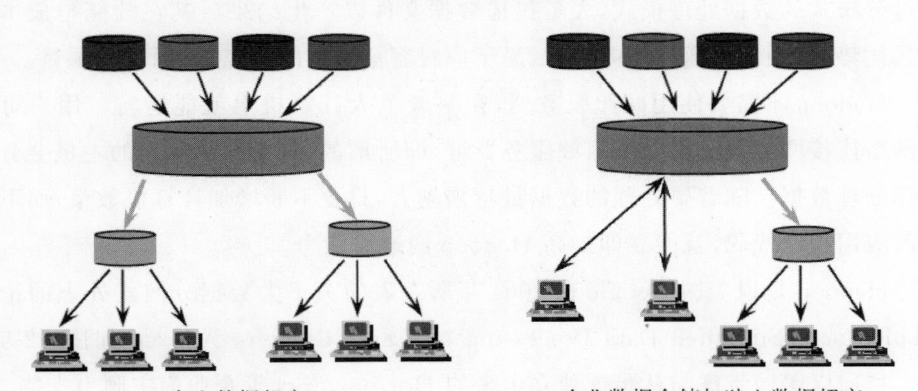

图 3-2-4　集中式架构的两种建置模式

(3)数据仓库的影响力

数据仓库对于企业的贡献在于"效果",能适时地向高阶主管提供最需要的决策支持信息。简单地说,就是运用信息科技将宝贵的营运数据,建成协助主管做出各种管理决策的整合性“智库”,利用这个“智库”,企业可以灵活地分析所有细致深入的数据,以建立企业的优势。

3.2.2 Hadoop

(1)Hadoop 概述

从事云端运算工作,或是曾经研究过云端运算的人,对于“Hadoop”这个名字应不陌生。Hadoop 这个名字不代表任何英文或缩写代码,它是一个无中生有创造出来的名字。根据 Hadoop 的创办人 Doug Cutting 解释:“当时我的命名标准就是简短,容易发音与拼写,没有什么特别的意思,纯粹只是好记而已,且不会被用于别处。于是神来一笔借用儿子黄色的填充大象玩具的名字,而后来黄色大象也变成 Hadoop 的官方吉祥物。”

简单地说,Hadoop 是由 Apache 软件基金会(Apache Software Foundation)所开发出来的开放源代码分布式计算技术,是以 Java 语言开发,专门针对大量且结构复杂的大数据分析所设计,其目的不是为了瞬间反应、撷取和分析数据,而是通过分布式的数据处理模式,大量扫描数据文件以产生结果。其在效能与成本上均具优势,再加上可通过横向扩充,易于应对容量增加的优点,因而备受瞩目。

Hadoop 不需要使用商业服务器,在一般个人计算机上就能运转。用户可利用网络连接两台以上的电脑组成服务器群,即所谓的“丛集”,丛集内的主机会分工合作处理数据。随着要处理的数据量越来越大,只要不断增加计算机数量,而不需修改应用程序代码,就能立即提高 Hadoop 的运算能力。

Hadoop 是以美国 Google 在 2004 年所发表的关于大数据分散式处理的论文 MapReduce: Simplifed Data Processing on Large Clusters 为基础,如图 3-2-5 所示。目前以美国雅虎与从雅虎独立出来的 Hortonworks 等企业为主倾力支持。

总而言之,Hadoop 可以用更低的成本,得到更高的运算效能,提高数据分析的能力,也难怪有些人称 Hadoop 为大数据的救星,这种说法虽然夸张,但却有几分真实,因为通过 Hadoop,就算资金不够雄厚的个人或组织,也能分析大量的结构与非结构数据。

MapReduce: Simplified Data Processing on Large Clusters

Jeffrey Dean and Sanjay Ghemawat

jeff@google.com, sanjay@google.com

Google, Inc.

Abstract

MapReduce is a programming model and an associated implementation for processing and generating large data sets. Users specify a *map* function that processes a key/value pair to generate a set of intermediate key/value pairs, and a *reduce* function that merges all intermediate values associated with the same intermediate key. Many real world tasks are expressible in this model, as shown in the paper.

Programs written in this functional style are automatically parallelized and executed on a large cluster of commodity machines. The run-time system takes care of the details of partitioning the input data, scheduling the program's execution across a set of machines, handling machine failures, and managing the required inter-machine communication. This allows programmers without any experience with parallel and distributed systems to easily utilize the resources of a large distributed system.

given day, etc. Most such computations are conceptually straightforward. However, the input data is usually large and the computations have to be distributed across hundreds or thousands of machines in order to finish in a reasonable amount of time. The issues of how to parallelize the computation, distribute the data, and handle failures conspire to obscure the original simple computation with large amounts of complex code to deal with these issues.

As a reaction to this complexity, we designed a new abstraction that allows us to express the simple computations we were trying to perform but hides the messy details of parallelization, fault-tolerance, data distribution and load balancing in a library. Our abstraction is inspired by the *map* and *reduce* primitives present in Lisp and many other functional languages. We realized that most of our computations involved applying a *map* operation to each logical "record" in our input in order to compute a set of intermediate key/value pairs, and then

图 3-2-5　Google 在 2004 年发表关于 MapReduce 的论文

(2)Hadoop 的组成

Hadoop 的组成主要分为三个部分,分别为最著名的分布式文件系统(HDFS)、MapReduce 框架、储存系统(HBase)等组件,如图 3-2-6 所示。

图 3-2-6　Hadoop 的组成

• HDFS:数据切割、制作副本、分散储存

HDFS 会把一个文档切割成好几个小区块、制作副本,然后在 Hadoop 的服务器群集中跨多台计算机储存副本,文档副本通常预设为 3 份,该设定可以自行更改。除此之外,HDFS 的理念是其认为移动运算到数据端通常比移动数据到运算端来得成本低,这是由于数据的位置信息会被考虑在内,因此运算作业可以移至数据所在位置。

HDFS 采用的是一般等级服务器,因此通过复制数据的方式以应对硬件的故障,当侦测到错误时,即可用复制的备份数据恢复数据。HDFS 的架构如图 3-2-7 所示。

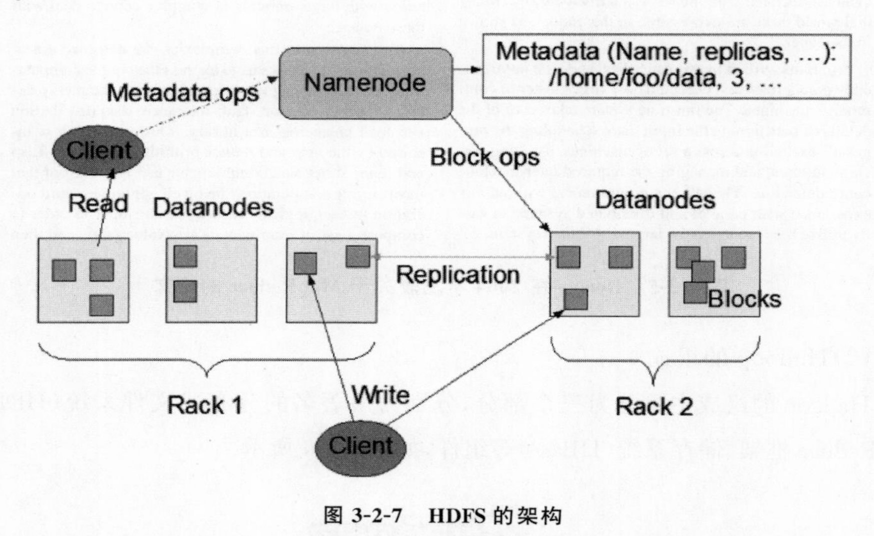

图 3-2-7　HDFS 的架构

• MapReduce:拆解任务、分散处理、汇整结果

MapReduce 是由 Map 和 Reduce 组成,Map 为分布式计算数据, Reduce 则是负责汇整 Map 运算完的结果并输出。由于将一份数据分成多份储存和运算,本来一台计算机的工作可以被分工合作,所以速度当然可以快很多。MapReduce 的架构如图 3-2-8 所示。

更厉害的是,当某副本毁损时,MapReduce 还会自动侦测,改派另一个副本执行任务。因为 Hadoop 一般是在计算机上运转,计算机的故障率比商业服务器高出许多,所以这种容错的功能非常重要,当从集中有计算机毁损时,才能继续执行任务。

简单来说,Hadoop 借由把数据切割、分散存放和处理的方式,让从集内每台计算机只需处理小部分的任务,大大提高了数据分析的效率,再加上可以同时处理

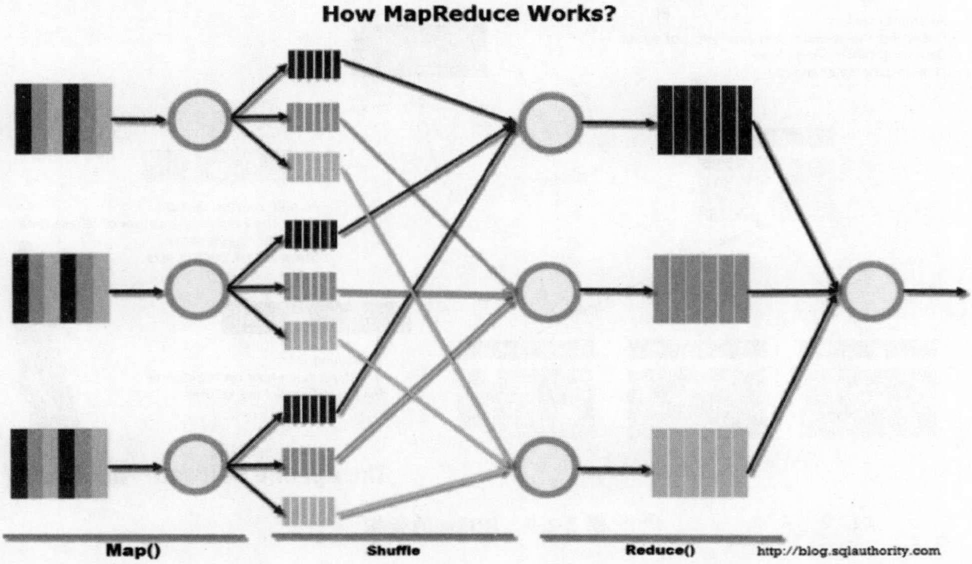

How MapReduce Works?

Map()　Shuffle　Reduce()　http://blog.sqlauthority.com

图 3-2-8　MapReduce 的架构

结构和非结构的数据格式、相对便宜的建置成本及容错的特点，使之成为大数据分析很重要的技术。

• HBase：分布式储存系统

HBase 是 Hadoop 所使用的数据库，可在随机且实时地读写超大数据集时使用。HBase 是一种分布式储存系统，并具备高可用性、高效能，以及容易扩充容量及效能的特性。HBase 适用于在数以千计的一般等级服务器上储存 PB 级的数据，其中以 Hadoop 分布式文件系统（HDFS）为基础，提供类似 Bigtable 的功能，HBase 同时也提供了 MapReduce 程序设计的功能。HBase 的架构如图 3-2-9 所示。

（3）Hadoop 的影响力

由上述第一点及第二点可知，Hadoop 最大的优点在于，能够处理过去在成本与时间上让人不得不放弃的数量庞大的非结构化数据。也就是说，Hadoop 丛集可扩充至 PB 甚至是 EB 的容量，过去只能仰赖抽样数据进行分析的企业数据分析师及营销人员，现在能将所有相关的数据纳入一起分析，再加上处理速度与日俱进，可借由反复进行分析或测试各种不同的查询条件，进而获得过去无法取得的更有价值的洞见与信息。

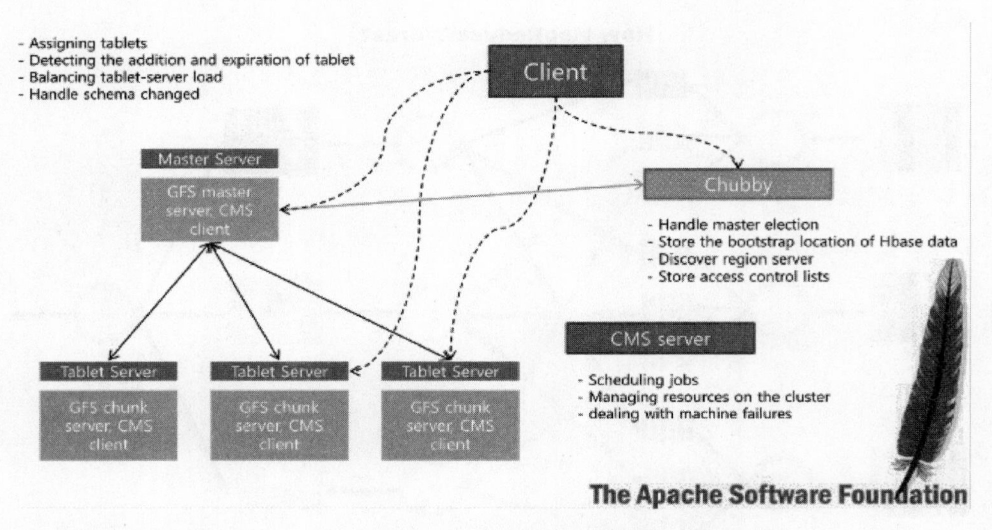

图 3-2-9　HBase 的架构

3.3 大数据查询和分析技术

由于目前大数据存储都不属于关系数据库，所以通过传统的 SQL 语言来操作数据的方式无法直接使用。如：对于 Hadoop 储存的数据是无法直接通过 SQL 来查询的。为了让 SQL 专业分析人员能通过 SQL 语言来操作和分析大数据，SQL on Hadoop 技术发展起来了。

SQL on Hadoop 是直接建立在 Hadoop 上的 SQL 查询，既保证 Hadoop 的性能，又利用 SQL 的灵活性。SQL on Hadoop 正处于起步阶段，Hadoop 解决方案对于 SQL 语言支持的深度与广度各不相同，技术实践方式也很多样。最基本的工作是把传统的 SQL 语言进行中间转换后操作，如：Hadoop 中的 Hive，就是把 SQL（HiveQL，Hive 中的 SQL 语句）编译成 MapReduce，从而读取和操作 Hadoop 上的数据。这是很多 SQL on Hadoop 技术的基础，它提供了一种能力，让企业把信息管理能力从结构化的数据延伸到非结构化的数据。

3.4 大数据执行和应用技术

前面主要是针对大数据储存和处理、查询和分析技术所做的说明。但欲从大数据中有效地萃取出有意义信息，更重要的是数据挖掘等的执行与应用方面的技术。支撑大数据的技术如图 3-4-1 所示，方框部分为大数据执行与应用技术。本节中将简单介绍数据挖掘的概念，更深入的部分请见第四章。

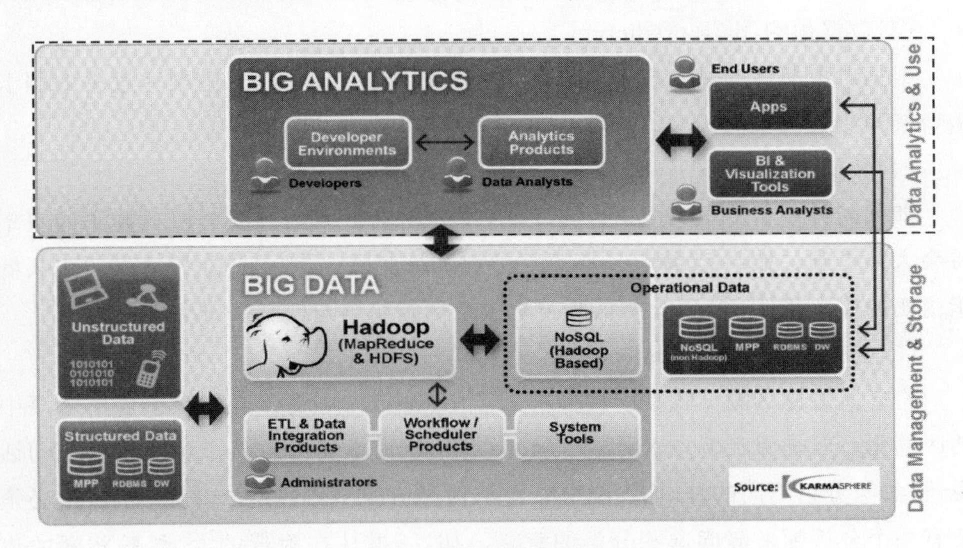

图 3-4-1 支撑大数据的技术

3.4.1 数据挖掘概述

由于目前信息科技很发达，故有许多的事务数据大量地被收集到数据库中，但这些数据如果不使用的话，那搜集这些数据又显得相当没有意义。就目前而言，数据的搜集方法已相当地成熟了，而数据挖掘的技术正可帮助分析这些数据。

综合各学者的说法，数据挖掘的定义可归纳为“在庞大的数据库当中，利用各种技术与统计方法，对大量的历史数据进行分析、归纳与整合，找出感兴趣的特征且有意义的数据”。数据挖掘不属于一个单一领域，而是许多学科综合而成，其涉及统计学、机器学习、数据库、领域知识及模式识别等领域。

3.4.2 数据挖掘的六大功能

(1)数据分类(data classification)

即按照分析对象的属性分门别类加以定义,建立类组(class)。如:将信用申请者的风险属性,区分为高度风险申请者、中度风险申请者及低度风险申请者。

(2)数据估计(data estimation)

即根据已有连续性数值的相关属性数据,以获取某一属性未知的值。如:按照信用申请者的教育程度、行为来推估其信用卡消费额。

(3)数据预测(data prediction)

根据对象属性的过去观察值来推估该属性未来之值。如:由顾客过去的刷卡消费额预测其未来的刷卡消费额。

(4)数据关联分组(data affinity grouping)

即判断哪些相关对象应该放在一起,设计出吸引人的产品群组且购买的概率将会大幅提升。如:一个顾客买了低脂奶酪和低脂酸奶,那么这个顾客同时也买低脂牛奶的概率是85%,因此将低脂牛奶放在低脂奶酪与低脂酸奶旁边。

(5)数据群集(data clustering)

将异质总体区隔为较具同质性群组(clusters)。同质分组相当于营销术语中的区隔化。但是假定事先未对于区隔加以定义,而数据中自然产生区隔。换句话说,群集与分组不同的是,你不晓得它会以何种方式或根据什么来分类,所以必须要有一个分析师来解读这些分类的意义。如:一群住在附近的人,驾驶相同的汽车,使用相同的家电,并且食用相同的食物。而另一群从事相同行业的人,家庭成员人数接近,年收入接近,出国次数也很接近。通过观察数据为何被群集在一起的,可以了解数据间的关系,以及这些关系将会如何影响预测的结果。

(6)时序数据序列模式挖掘(sequential data pattern mining)

时序数据序列模式挖掘是在时间序列的数据库中,找出数据和时间相关的行为模式,并分析此序列的状态转变,进而达到预测未来的效果。如:预测未来的股市走向、股价的波动。

3.4.3 数据挖掘的影响力

对于数据挖掘我们应该有正确的认知:它不是无所不能的魔法。它不是在监视数据,然后告诉你数据库里出现了某种特别的现象;也不是说有了数据挖掘,就连不了解业务、不了解数据所代表的意义,或是不了解统计原理的人,也可以做数据挖掘。其所挖掘出来的信息,也不是你可以不经确认,就可以照单全收应用到业务上。

记住:数据挖掘是寻找隐藏在数据中的信息,如趋势(trend)、模式(pattern)及关系(relationship)的过程。其用来帮助业务分析人员从数据中发掘出各种假设(hypothesis),但是它并不验证(verify)这些假设,也不判断这些假设的价值。

现代企业经常搜集大量数据,包括市场、客户、供货商、竞争对手以及未来趋势等重要信息,如果能通过数据挖掘技术,从巨量的数据库中,挖掘出不同的信息与知识出来,作为决策支持之用,必能提高企业的竞争优势。数据挖掘应用的行业包括了零售商、金融业、电信业等,如表 3-4-1 所示。

表 3-4-1　数据挖掘应用的行业

聚焦客户	聚焦运营	聚焦研究
• 终身价值 • 购物篮分析 • 特征分析与细分分析 • 客户维系 • 目标市场 • 吸引客户 • 需求分析 • 交叉销售 • 促销活动管理 • 电子商务	• 盈利性分析 • 定价 • 欺诈侦测 • 风险评估 • 组合管理 • 员工流动率 • 现金管理 • 生产效率 • 网络绩效 • 制造流程	• 组合化学 • 基因研究 • 流行病学

第四章

大数据执行和应用技术——数据挖掘

4.1 数据挖掘的定义

数据挖掘(data mining)，亦称数据探勘、数据采矿，是指在庞大的数据库当中，利用各种技术与统计方法，将大量的历史数据进行分析、归纳与整合等工作，找出有趣的特征且有意义的数据。数据挖掘的相关文献汇整，如表 4-1-1 所示。

表 4-1-1　数据挖掘定义汇整

学者(年)	定　义
Frawley(1991)	数据挖掘是从数据库中挖掘出明确、前所未知但有用的潜在信息过程。
Grupe and Owrang (1995)	数据挖掘乃是从已经存在的数据库中剖析出新的事实及发现专家仍未知的新关系。
Fayyad(1996)	数据挖掘是数据库知识发现的一个部分，而数据库知识是从大量数据中选取合适的数据，进行数据前处理、数据转换、解释评估等工作，再进行数据挖掘的一系列过程。
Berry and Linoff (1997)	数据挖掘为针对大量数据借由自动或半自动方式进行分析，挖掘出数据中有意义的关系或规律。
Hand(1998)	数据挖掘依靠庞大数据库做次级分析的过程，以利于找出数据拥有者所关心或有价值的未知关系。
Weiss and Indurkhya (1998)	数据挖掘是从大量数据中挖掘出有价值的信息。
Kleissner(1998)	数据挖掘是一种新的且不断循环的决策支持分析过程，它能够从组合在一起的数据中，发现具有隐藏价值的知识，以提供给企业相关人员参考。
Shaw, Subramaniam, and Tan(2001)	数据挖掘是寻找和分析数据的过程，其主要的目的是找出隐含在数据中的有效信息。
黄胜崇 (2001)	数据挖掘是知识发现的核心，是一种自动或半自动的处理，其结果未能预测。
谢邦昌 (2001)	数据挖掘为找寻隐藏在数据中的有用信息，如趋势、特征及相关性的一种过程，也是从数据当中挖掘出知识。

综合以上专家学者对于数据挖掘的定义，可了解到数据挖掘吸引人之处，主要是能快速地从数据当中撷取所需要的信息，亦能有效地分析解决大量与多维度的数据。

4.2 数据挖掘与其他学科间的关系

由 3.4 节的介绍中，我们可以知道数据挖掘并不属于一个单一领域，而是许多学科综合而成，其包括统计学、机器学习、数据库、领域知识及模式识别等领域，如图 4-2-1 所示。因此，在本节中将更深入探讨它们彼此间的差别、关系与影响。

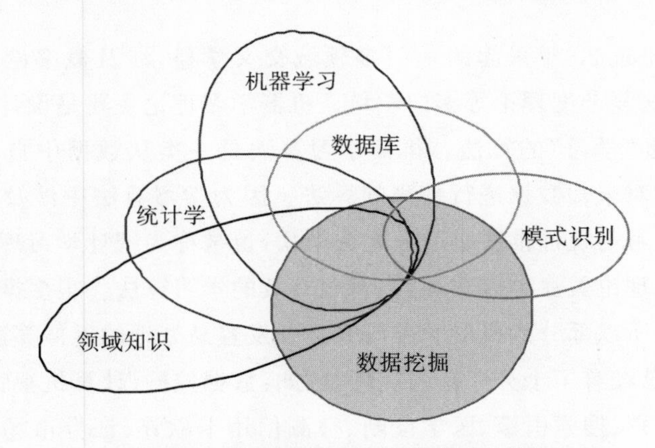

图 4-2-1 数据挖掘与其他学科间的关系

4.2.1 数据挖掘与统计学

• 统计学

搜集、展示、分析及解释数据的科学，统计分析不是方法的集合，而是处理数据的科学。

• 数据挖掘

大部分核心功能的实现都以计量和统计分析方法作为支撑。这些核心功能包括聚类、估计、预测、关联分组以及分类等。统计学、数据库和人工智能共同构成数据挖掘技术的三大支柱。许多成熟的统计方法构成了数据挖掘的核心内容。如回归分析、判别分析、聚类分析、探索性数据分析、列联分析等统计方法，一直在数据挖掘领域发挥着巨大的作用。

因此，若是硬要去区分数据挖掘和统计学的差异其实是没有太大意义的。数据挖掘技术中的 CART、CHAID 或模糊计算等等理论方法，也都是由统计学者根据统计理论所发展衍生，换另一个角度看，数据挖掘有相当大的比重是由高等统计学中的多变量分析所支撑。但是为什么数据挖掘的出现会引发各领域的广泛注意呢？主要原因在相较于传统统计分析而言，数据挖掘有下列几项特性：

(1)处理大量实际数据更强势，且无须太专业的统计背景去使用数据挖掘的工具。

(2)数据分析的趋势是从大型数据库抓取所需数据并使用专属计算机分析软件，数据挖掘的工具更符合企业需求。

(3)数据挖掘和统计分析有应用上的差别，毕竟数据挖掘目的是方便企业终端用户使用而非给统计学家检测用的。

4.2.2 数据挖掘与机器学习

机器学习是近20年兴起的一门多领域交叉学科，涉及概率论、统计学、逼近论、凸分析、算法复杂度理论等多门学科。机器学习理论主要是设计和分析一些让计算器可以自动“学习”的算法。机器学习算法是一类从数据中自动分析获得规律，并利用规律对未知数据进行预测的算法。因为学习算法中涉及了大量的统计学理论，机器学习与统计推断学联系尤为密切，也被称为统计学习理论。算法设计方面，机器学习理论关注可以实现的、行之有效的学习算法。很多推论问题属于无程序可循难度，所以部分的机器学习研究是开发容易处理的近似算法。

机器学习已经有了十分广泛的应用，例如：数据挖掘、计算机视觉、自然语言处理、生物特征识别、搜索引擎、医学诊断、检测信用卡欺诈、证券市场分析、DNA序列测序、语音和手写识别、战略游戏和机器人运用。

4.2.3 数据挖掘与数据库联机分析处理(OLAP)

OLAP是对制式化、关联性低的数据进行分析，以供决策人员参考。数据挖掘本质上与统计分析及OLAP有所不同。统计分析仅能针对较少量的数据，就数据的关联性或统计学上不同的目标加以分析；而OLAP，则是一般数据仓库所采用的分析报告，可以针对制式化以及关联性较低的数据加以分析。OLAP工具是从过去数据中得知结果，但无法像数据挖掘一样告诉你“结果发生的原因”。

4.3 数据挖掘的功能

数据挖掘的功能，由3.4节中可以知道其功能包含：数据分类、数据估计、数据预测、数据关联分组、数据聚类及数据循序样式采矿等六大功能。

在本节中将数据挖掘六大功能，加入 Microsoft SQL Server 2012 Data Mining Add-ins for Microsoft Office 2010，亦即 Office Excel 加载宏（数据表分析工具及数据挖掘客户端）软件中的数据挖掘功能，重新定义其功能，并在各功能中再分别介绍各种数据挖掘的分析方法。

本章结合 Office Excel 加载宏中的数据挖掘功能作为基础进行介绍，其主要原因为 Office 的用户人数在全球超过 10 亿。换句话说，全世界的计算机中拥有 Office 软件数量相当庞大。因此，通过 Microsoft SQL Server 2012 Data Mining Add-ins for Microsoft Office 2010 将 SQL 与 Office 系统工具整合，以单一平台满足多元化的商业智能应用，即可实现最佳的成本效益，使用者通过简单的安装步骤，就可以沿用熟悉的 Office 操作环境，无须额外投资昂贵又复杂的客户端软件。在这大数据的时代，Microsoft SQL Server 为使用者提供符合直觉的全面深入预测能力，兼顾多方信息做出最佳决策。

4.3.1 数据分类(data classification)

数据分类为数据挖掘中常见的功能之一，顾名思义即是将分析对象依不同的属性分类并加以定义，建立不同的类组。数据挖掘中的分类是指针对未发生的结果进行预测分类，主要包含归纳和推论两步骤，其主要目的在于提高分类的准确度，建立分类规则，再评估准则的优劣。常用“判定树”算法。

4.3.2 数据估计(data estimation)

根据不同相关属性数据的连续性数值，找出各属性间的关联性，以了解并获得某一特定属性未知的连续性数值。常用“回归分析”及“类神经网络”算法。

4.3.3 数据预测(data prediction)

预测工作的目的在于以其他属性的值为基础来预测特定属性的值。而这个被预测属性的值通常称为目标变量或是因变量；而其他属性则称为解释变量或自变量，预测的主要方法在于建立数据当中因变量与自变量间的关系。常用“回归分析”“时间序列分析”及“类神经网络”算法。

4.3.4 数据关联分组(data association rules)

数据关联分组主要用来发现数据中特征属性间具有高度关联性的一种模式，其所发现的模式通常是用规则来表现。常用“关联规则(又称购物篮分析)”算法。

4.3.5 数据聚类(data clustering)

数据聚类主要是利用数据中类似或相同的项目，将同构型较高的数据区隔为不同的聚类，聚类内数据相似度越高越好；聚类间差异度越大越好。在一大群的研究对象当中，根据不同的研究目的必定会有异质化的现象，但异质化的现象可能是几个同质化的群组所造成，数据聚类的主要目的便是将不同的同质化的组别差异找出来。常用“判别分析”与“聚类分析”算法。

4.3.6 进阶

可以进行选择数据挖掘算法，并以手动的方式自行设定参数。Microsoft 所提供的算法分别为：“判定树”“贝氏概率分析”“时序群集”“时间序列”“聚类”“线性回归”“罗吉斯回归”“关联规则”“类神经网络”，共九种算法。

本节最后将数据挖掘的功能，统整为三大类别区分，其分别为：分类区隔类（数据分类＋数据聚类）、推算预测类（数据估计＋数据预测）、序列规则类（数据关联分组），并结合 Microsoft 所提供的九种算法，汇整数据挖掘的功能如表4-3-1所示。

表 4-3-1　数据挖掘的功能汇整

<table>
<tr><th>类别</th><th>项目</th><th colspan="2">摘　要</th></tr>
<tr><td rowspan="4">分类区隔类</td><td>分类</td><td colspan="2">1.根据一些变量的数值做计算，再依照结果做分类。
2.用一些根据历史经验已经分类好的数据来研究它们的特征，然后再根据这些特征对其他未经分类或是新的数据做预测。</td></tr>
<tr><td>聚类</td><td colspan="2">将数据聚类，其目的在于将聚类间的差异找出来，同时也将聚类内成员的相似性找出来。与分类不同在于分析前并不知道会以何种方式或根据什么来聚类，所以必须要配合专业领域知识来解读这些聚类的意义。</td></tr>
<tr><td rowspan="2">理论技术</td><td>传统技术（统计分析）</td><td>1.因素分析(factor analysis)——精简变量
2.判别分析(discriminant analysis)——分类
3.聚类分析(cluster analysis)——区隔群体</td></tr>
<tr><td>改良技术（判定树，decision tree）</td><td>1.用树枝状展现数据受各变量的影响情形的预测模型，根据对目标变量产生的效应的不同而建构分类的规则。
2.一般多运用在对顾客数据的区隔分析上。
3.常用两种分类方法为：
CART(classification and regression trees)
CHAID(Chi-square automatic interaction detector)。</td></tr>
</table>

续表

类别	项目	摘　　要	
推算预测类	回归分析	1.使用一系列的现有数值来预测一个连续数值的可能值。 2.可利用罗吉斯回归来预测类别变量。	
	时间序列	用现有的数值来预测未来的数值。与回归不同之处在于时间序列所分析的数值都与时间有关。	
	理论技术	传统技术（统计分析）	1.回归分析（regression）——连续变量 2.罗吉斯回归分析（logistic regression）——类别变量 3.时间序列（time-series）——时间变量
		改良技术（类神经网络）	1.仿真人脑思考结构的数据分析模式，由输入的变量与数值中自我学习并根据学习经验所得的知识不断调整参数以期建构数据的型样（patterns）。 2.与传统回归分析相比： 好处：在进行分析时无须限定模式，特别是当数据变量间存有交互效应时可自动侦测出。 缺点：分析过程为一黑盒子，故常无法以可读的模型格式展现，每阶段的加权与转换亦不明确。 3.类神经网络多用于数据属于高度非线性且带有相当程度的变量交互效应时。
序列规则类	关联规则	找出在某一事件或是数据中会同时出现的东西——如果 A 是某一事件的一种选择，则 B 也出现在该事件中的概率有多少。	
	序列模式	序列模式与关联规则不同的是，序列模式事件的相关是以时间因素来做区隔。	
	理论技术	传统技术（统计分析）	缺乏
		改良技术（规则归纳法）	是一种由一连串的“如果……/则……（If / Then）”的逻辑规则对数据进行细分的技术，在实际运用时如何界定规则为有效是最大的问题，通常需先将数据中发生数太少的项目先剔除，以避免产生无意义的逻辑规则。

以上九种数据挖掘算法与应用，于后续 4.5 节中分别介绍。

4.4 数据挖掘的步骤

数据挖掘建模的标准流程，亦称跨产业数据挖掘标准作业程序，其英文为 Cross Industry Standard Process for Data Mining（简写 CRISP-DM）。CRISP-DM 为一种阶段式的方法论，其流程图如图 4-4-1 所示。

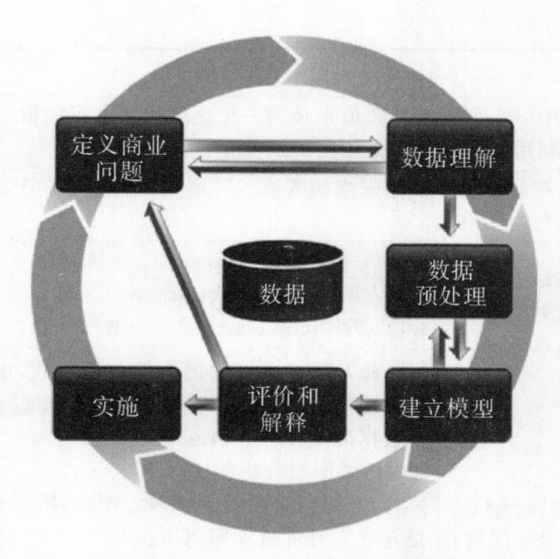

图 4-4-1 CRISP-DM 流程图

各步骤的叙述说明如下：

4.4.1 定义商业问题(business understanding)

数据挖掘的中心价值在于商业问题上，所以初步阶段必须对组织的问题与需求深入了解，经过不断与组织讨论与确认过后，拟订一个详尽且可达成的方案。

4.4.2 数据理解(data understanding)

定义所需要的数据，收集完整数据，并对收集的数据做初步分析，包括识别数据的质量问题、对数据做基本观察，除去噪声或不完整的数据，可提升数据预处理的效率，接着设立假设前提。

4.4.3 数据预处理(data preparation)

因为数据源不同，常会有格式不一致等问题。因此在建立模型之前必须进行多次的检查修正，以确保数据完整并得到净化。

4.4.4 建立模型(modeling)

根据数据形式，选择最适合的数据挖掘技术并利用不同的数据进行模型测试，以优化预测模型，模型愈精准，有效性及可靠度愈高，对决策者做出正确的决策愈有利。

4.4.5 评价和解释(evaluation)

在测试集中得到的结果,只对该数据有意义。实际应用当中,使用不同的数据集其准确度便会有所差异,因此,此步骤最重要的目的便是了解是否有尚未被考虑到的商业问题盲点。

4.4.6 实施(deployment)

数据挖掘流程通过良性循环,最后将整合过后的模型应用于商业上,但模型的完成并非代表整个项目完成,知识的获得也可以通过组织化、自动化等机制进行预测应用。该阶段包含部属计划、监督、维护、传承与最后的报告结果,形成整个工作循环。

4.5 数据挖掘的分析方法

4.5.1 判定树(decision tree)

判定树又称为分类树(classification tree),是可同时提供分类与预测的常用方法,可处理类别型与连续型分类预测问题。判定树是一种“监督式”的学习方法,其主要功能是借由已知分类的事例来建构树状结构,利用树形图的分类自动确认和评估区隔,从中归纳出规则,并利用样本进行预测。其分类的决策过程以树状结构来表示,以树状方式依照不同属性,由上而下划分数据来分类。

判定树模块的建置,包括三种形式的变量:

(1)针对类别预测变量,计算以单变量分裂为基础的二元判定树。

(2)针对顺序预测变量,计算以单变量分裂为基础的二元判定树。

(3)针对混合两类的预测变量,计算以单变量分裂为基础的二元判定树。

另外,也提供以线性组合分裂(linear combination split)为基础,计算区间尺度预测变量的判定树选项。

• 判定树的优点

判定树在数据挖掘领域应用非常广泛,尤其在分类问题上是很有效的方法。除具备图形化分析结果易于了解的优点外,判定树具有以下优点:

(1)判定树模型可以用图形或规则表示,而且这些规则容易解释和理解。容易使用，而且很有效。

(2)可以处理连续型或类别型的变量。以最大信息增益选择分割变量，模型显示变量的相对重要性。

(3)面对大的数据集也可以处理得很好。此外，因为树的大小和数据库大小无关，当有很多变量进入模型时，判定树仍然可以建构。

• 判定树的架构

判定树主要构造包含根部节点(root node)、中间节点(non-leaf node)、分支(branches)及叶节点(leaf node)，所谓的根部节点包含所有训练的数据，中间节点是指依照不同分割准则所分割出来的数据，分支为节点之间的链接，一个分支代表一种分割准则，叶节点则是节点的一种，但是叶节点为最末端的节点，并无节点由此分支出去。判定树的架构如图 4-5-1 所示。

建立判定树的过程，即树的生长过程是不断地把数据进行切分的过程，每次切分对应一个问题，也对应着一个节点。对每个切分都要求分成的组之间的"差异"最大。各种判定树算法之间的主要区别就是对这个"差异"衡量方式的区别，而切分的过程也可称为数据的"纯化"。

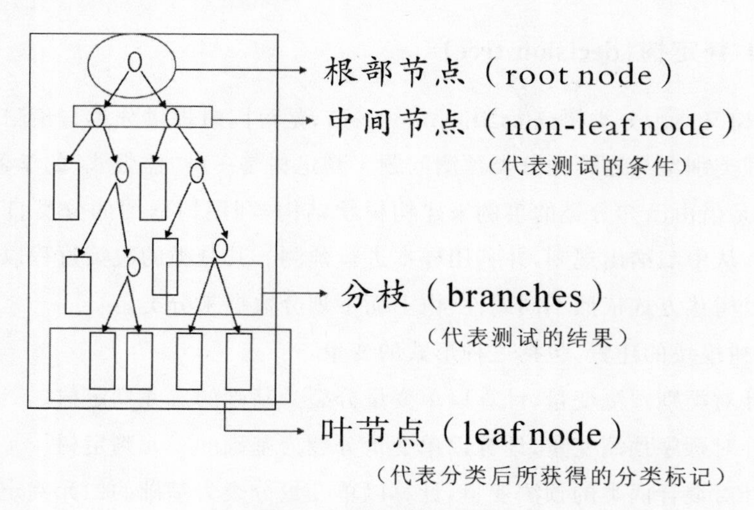

图 4-5-1　判定树的架构

• 判定树的计算方式

判定树的学习主要利用信息论中的信息增益(information gain)，寻找数据集中有最大信息量的变量，建立数据的一个节点，再根据变量的不同取值建立树的分枝，每个分枝子集中重复建树的下层结果和分枝的过程，一直到完成建立整棵判定树。

在树的每个节点上，使用信息增益选择测试的变量，信息增益是用来衡量给定变量区分训练样本的能力，选择最高信息增益或最大熵(entropy)简化的变量，将之视为当前节点的分割变量，该变量促使需要分类的样本信息量最小，而且反映了最小随机性或不纯度(impurity)。

若某一事件发生的概率是 p，令此事件发生后所得的信息量为 $I(p)$，若 $p=1$，则 $I(p)=0$，因为某一事件一定会发生，因此该事件发生不能提供任何信息。反之，如果某一事件发生的概率很小，不确定性愈大，则该事件发生带来的信息很多，因此 $I(p)$ 为递减函数，并定义 $I(p)=-\log(p)$。

给定数据集 S，假设类别变量 A 有 m 个不同的类别 $(c_1,\cdots,c_i,\cdots,c_m)$。利用变量 A 将数据集分为 m 个子集 $(s_1,s_2,\cdots,s_m)$，其中 s_i 表示在 S 中包含数值 c_i 的样本。对应的 m 种可能发生概率为 $(p_1,\cdots,p_i,\cdots,p_m)$，因此第 i 种结果的信息量为 $-\log(p_i)$，则称该给定样本分类所得的平均信息为熵，熵是测量一个随机变量不确定性的测量标准，可以用来测量训练数据集内纯度(purity)的标准。熵的函数表示如下式：

$$I(s_1,s_2,\cdots,s_m)=-\sum_{i=1}^{m}p_i\log_2(p_i)$$

其中 p_i 是任意样本属于 c_i 的概率，对数函数以 2 为底，因为信息用二进制编码。

变量分类训练数据集的能力，可以利用信息增益来测量。算法计算每个变量的信息增益，具有最高信息增益的变量选为给定集合 S 的分割变量，产生一个节点，同时以该变量为标记，对每个变量值产生分枝，以此划分样本。

• 判定树的修剪

由于数据挖掘的主要目的是协助企业追求最高利润而非追求最高准确度，所以判定树在建立过程中生长得太“枝繁叶茂”是没有必要的，这样既降低了判定树的可理解性和可用性，同时也使判定树本身对历史数据的依赖性增大，也就是说这棵判定树应用于历史数据可能非常准确，一旦应用到新的数据时准确性却急剧下降，这种情况称为训练过度。

为了使得到的判定树所蕴含的规则具有普遍意义，必须防止训练过度，并减少训练的时间。因此需要有一种方法能在适当的时候停止树的生长。常用的方法是设定判定树的最大高度(层数)来限制树的生长。还有一种方法是设定每个节点必须包含的最少记录数，当节点中记录的个数小于这个数值时就停止分割。而与设置停止增长条件相对应的是在树建立好之后对其进行修剪。先允许树尽量生长，然后再把树修剪到较小的尺寸，当然在修剪的同时要求尽量保持判定树的准确度不要下降太多。

(1)树的分割

确定初始分割点的第一个步骤就是，确定哪一个变量是最佳分割变量。最佳分割变量是能够实现样本的最佳分组，使得每个组仅由一个类别支配。评估一个可能的分割点的度量是差异的减少，而差异的概念是建立判定树的核心。

为在每一节点上选择最佳分割点，判定树算法逐个考虑每个输入属性变量。对每个变量排序，之后会逐一试验每个可能的分割点，被分割的两个区都要计算差异性度量。而最佳分割点，就是差异性减少最大的那一个，对每个字段都会重复这个过程，最后的胜者被选作为那个节点的分割点。

如果某节点下的结果都是一样的，那么没必要分割下去。每一个剩余变量的最佳分割点都可以确定，这种情况下的节点叫作叶节点。而完全成长的树不一定能对新的样本集进行最佳分类。因此，在适当的时候，还需要对判定树进行修剪，来改善判定树的结构。

通常有以下情况发生，判定树将停止分割：

a.该类数据的每一笔数据都已经归类到同一类别。

b.该类数据已经没有办法再找到新的属性来进行节点分割。

c.该类数据已经没有任何尚未处理的数据。

(2)树的剪枝(pruning)

建立判定树可能遭遇模型过度拟合(overfitting)的问题。过度拟合表现为模型过度训练，导致模型记住的不是训练集的一般性，而是训练集的局部特性。模型过度拟合，将导致模型预测能力不准确，一旦将训练后的模型运用到新数据，将导致错误预测。因此，完整的判定树构造过程，除了判定树的建构外，还应该包含树的剪枝，解决和避免模型过度拟合问题。其通常使用统计检验值剪去最不可靠的分枝，可用检验值的有卡方值或信息增益等，如此可以加速分类结果的产生，同时也提高测试数据正确分类的能力。

树的剪枝有两种方法:“先剪枝”和“后剪枝”。

先剪枝是通过提前停止树的构造来对树剪枝，一旦停止分类，节点就成为树叶，该树叶可能持有子集样本中次数最高的类别。在构造判定树时，卡方值和信息增益等检验值可以用来评估分类的质量，如果在一个节点划分样本，将导致低于预先定义阈值的分裂，则给定子集的进一步划分将停止。选取适当的阈值是很困难的，较高的阈值可能导致过分简化的树，但是较低的阈值可能使得树不够简化。

后剪枝是由已经完全长成的树剪去分枝，通过删减节点的分枝剪掉树的节点，最底下没有剪掉的节点成为树叶，并使用先前划分次数最多的类别做标记。对于树中每个非树叶节点，算法计算剪去该节点上的子树可能出现的期望错误率。再使用每个分枝的错误率，结合每个分枝观察的权重评估，计算不对该节点剪枝的期望错误率。如果剪去该节点导致较高的期望错误率，则保留该子树，否则剪去该子树。产生一组逐渐剪枝后的树，使用一个独立的测试集评估每棵树的准确率，就能得到具有最小期望错误率的判定树。当然也可以交叉使用先剪枝和后剪枝形成组合式。

• 判定树的算法

完成数据处理阶段后，需要选择一个合适的判定树模型算法。表 4-5-1 整理了判定树的七种演算方法。

表 4-5-1　七种演算方法

算法	内　容
ID3	a.企图最小化变量间比较的次数，其基本策略是依序寻找具有最高信息增益的变量，并以此作为分隔变量。 b.必须将所有变量转换为类别型变量。
C4.5	a.ID3 算法的修订版。 b.采用 Gain Ratio 来加以改进，选取有最大 Gain Ratio 的分割变量作为准则，避免 ID3 算法过度拟合的问题。
C5.0	a.C4.5 算法的修订版。 b.适用于处理大数据集，采用 Boosting 方式提高模型准确率，又称为 Boosting Trees。 c.可设定错误分类的成本，依据不同的分类错误设定不同成本，因此可以不选择错误率最小的模型，而改选错误成本最小的模型。
PRISM	适用于类别属性的分类方法。
Gini Index	针对数值属性的变量来做分类。
CART	a.树结构产生分类和回归模型的过程为二元树生成技术，适用于目标变量为连续型(回归树)和类别型(分类树)的变量。 b.其在每一个节点上都是采用二分法，也就是一次只能够有两个子节点，C4.5/5.0 则在每一个节点上可以产生不同数量的分枝。
CHAID	a.由 AID 演变而来。 b.会防止数据过度拟合并让判定树停止继续分割，依据的衡量标准是计算节点中类别的 P 值大小，以此确定判定树是否继续分割，所以不需要做树剪枝。

4.5.2 单纯贝叶斯分类(naïve Bayes classifier)

单纯贝叶斯分类算法是一种简单且实用的分类方法。采用监督式的学习方式，分类前必须事先知道分类形态，通过训练样本，学习与记忆分类与所使用属性的关系，产生这些训练样本的中心概念，再用学习后的中心概念对未归类的数据进行类别预测，以得到受测试数据对象的目标值，有效地处理未来欲分类的数据。

每个训练样本，一般含有分类相关的属性的值，以及分类结果（又称为目标值）；一般而言，属性可能出现两种以上不同的值，而目标值则多半为二元的相对状态，如“是/否”“好/坏”“对/错”“上/下”。

然而，单纯贝叶斯分类算法仅支持离散（discrete）或离散式（discretized）属性，只能输入类别变量，如果提供可预测属性，它视所有输入变量是相互独立的。其主要是根据贝叶斯定理（Bayesian theorem）交换事前（prior）及事后（posteriori）概率，配合决定分类特性的各属性彼此间是互相独立的假设，来预测分类的结果。贝叶斯定理公式如下：

H_{MAP}：最大可能的假说（maximum a posteriori）。

$$\begin{aligned} h_{MAP} &= \underset{h \in V}{\operatorname{argmax}} P(h \mid D) \\ &= \underset{h \in V}{\operatorname{argmax}} \frac{P(D \mid h)P(h)}{P(D)} \\ &= \underset{h \in V}{\operatorname{argmax}} P(D \mid h)P(h) \end{aligned}$$

D：训练样本

V：假说空间（hypotheses space）

$P(D)$：训练样本的事前概率，对于假说 h 而言，为一常数

$P(h)$：假说 h 事前概率（尚未观察训练样本时的概率）

$P(h|D)$：在训练样本 D 集合下，假说 h 出现的条件概率

• 单纯贝叶斯分类的优点

可快速建立的分类算法，很适合预测模型，且用于大型数据库，可以得出准确性高且有效率的分类结果。在某些领域的应用上，其分类效果优于神经网络和判定树。

• 单纯贝叶斯分类的计算方式

单纯贝叶斯分类器会根据训练样本，对于所给予测试对象的属性值 $a_1, \cdots, a_n$（假设一共有 n 个学习概念的属性 $A_1, \cdots, A_n$，a_n 为 A_n 相对应的属性值），指派具有最高概率值的类别（C 表示类别的集合）为目标结果。

(1)计算各属性的条件概率 $P(C=c_j \mid A_1=a_1, \cdots, A_n=a_n)$

贝叶斯定理：

$$P(c_j \mid a_1, \cdots, a_n) = \frac{P(a_1, \cdots, a_n \mid c_j)P(c_j)}{P(a_1, \cdots, a_n)}$$

属性独立：

$$P(a_1,\cdots,a_n \mid c_j)P(c_j)=\prod_{i=1}^{n}P(a_i \mid c_j)$$

$P(c_j)$表示事前概率

$P(c_j|A)$表示事后概率(事件 c_j 是一原因,A 是一结果)

$$c_{NB}=\underset{cj\in C}{\operatorname{argmax}}P(c_j \mid a_1,\cdots,a_n)=\underset{cj\in C}{\operatorname{argmax}}P(c_j)\prod_{i=1}^{n}P(a_i \mid c_j)$$

(2)预测推论新测试样本所应归属的类别

综合上述单纯贝叶斯分类器的理论,只要单纯贝叶斯分类器所涉及学习概念的属性,彼此间互相独立的条件被满足时,单纯贝叶斯分类器所得到的最大可能分类结果 c_{NB} 与贝叶斯定理的最大可能假说 h_{MAP} 具有相同的功效。

4.5.3 关联规则(association rule)

关联规则又称为购物篮分析(market basket analysis),是寻找数据库中数值的相关性,分析发现数据库中不同变量或个体之间的关系程度或概率大小。因此用这些规则分析事务数据库,即可以找出顾客购买行为模式,如购买了计算机对购买其他计算机外设商品(打印机、音箱、移动硬盘等)的相关影响或概率大小。发现这样的规则可以应用于商品货架摆设、库存安排以及根据购买行为模式对客户进行分类。

数据挖掘得到的关联规则并不是真正的规则,其只是对数据库中数据间相关性的一种描述。还没有其他数据来验证得到的规则的正确性,也不能保证利用过去的数据得到的规律在未来新的情况下仍有效。

有时很难确定能利用发现的关联规则做些什么。如在超市货架的摆放策略上,按照发现的关联规则把相关性很强的物品放在一起,反而可能会使整个超市的销售量下降,因为顾客如果可以很容易地找到他要买的商品,他就不会再买那些本来不在他的购买计划上的商品。总之,在采取任何行动之前一定要经过分析和实验,即使它是利用数据挖掘得到的知识。

(1)关联规则的形式

关联规则依不同的情况,可分为三种形式：

①按“处理变量”可分为布尔型和数值型

布尔型关联规则处理的值为离散的、种类化的,它显示了这些变量之间的关系;数值型关联规则可和多维关联或多层关联规则结合起来,对数值型字段进行处

理，将其进行动态的分割，或直接对原始的数据进行处理，当然数值型关联规则中也可以包含种类变量。

例如，布尔型：性别＝“女”⇒职业＝“秘书”

数值型：性别＝“女”⇒收入＝“2 300”（收入是数值型）

②按“数据的抽象层次”可分为单层关联规则和多层关联规则

单层关联规则中，所有的变量都没有考虑到现实的数据是具有多个不同的层次的；多层关联规则中，对数据的多层性已经进行了充分的考虑。

例如，单层：IBM 计算机⇒Sony 打印机

多层：计算机⇒Sony 打印机

（多层是一个较高层次和细节层次之间的关联规则）

③按“涉及的数据维数”可分为单维的和多维的

单维关联规则中，只涉及数据的一个维度，如用户购买的物品，单维关联规则处理单个属性中的一些关系；多维关联规则要处理的数据将会涉及多个维度，多维关联规则处理各个属性之间的某些关系。

例如，单维：啤酒⇒尿布（只涉及用户购买的物品）

多维：性别＝“女”⇒职业＝“秘书”

（涉及两个字段信息是二维空间的一条关联规则）

（2）关联规则的优点

关联规则可以发现人们常识之外、意料之外的关联，找出隐含在数据中不为人知的信息，其简单易懂又容易实现。

（3）关联规则的计算方式

关联规则的代表是“If condition then result”，也就是 X ⇒Y，其中 X、Y 称作项集（itemsets）。最早是由 Agrawal 于 1993 年提出，而 Agrawal 对关联规则的定义如下：

假设 $I=\{I_1,\cdots,I_n\}$：I 可视为 m 个商品项目的集合。

$D=\{t_1,\cdots,t_n\}$：D 为 n 位客户交易的总集合，

其中 $t_i=\{I_{i1},\cdots,I_{in}\}$：$t_i$ 代表第 i 位客户的事务数据。

在关联规则中有三个重要的参数，分别为：

①支持度（support）

支持度是指 X 项目组与 Y 项目组，同时出现在 D 交易总集合的次数，除以 D 交易总集合的个数；以概率的观点来看，支持度就是同时发生 X、Y 事件的概率。

②置信度(confidence)

置信度是指X项目组与Y项目组,同时出现在D交易总集合的次数,除以X项目组在D交易总集合出现的次数;以概率的观点来看,置信度就是在X事件发生的情况下,Y事件发生的概率。

③增益(lift)

增益是两种可能性的比较,一种是在已知购买了X项目组的情况下购买Y项目组的可能性,另一种是任意情况下购买Y项目组的可能性。

(4)关联规则的算法

关联规则中最入门算法也是最具代表性的算法为"Apriori算法"。其利用循序渐进的方式,找出数据库中项目的关系,以形成规则。以下简单地说明Apriori算法的执行步骤:

①首先,须确定最小支持度及最小置信度。

②Apriori算法使用了候选项集的概念,首先产生出项集,称为候选项集,若候选项集的支持度大于或等于最小支持度,则该候选项集为高频项集(large itemset)。

③在Apriori算法的过程中,首先由数据库读入所有的交易,得出候选单项集(candidate 1-itemset)的支持度,再找出高频单项集(large 1-itemset),并利用这些高频单项集的结合,产生候选二项集(candidate 2-itemset)。

④再扫描数据库,得出候选二项集的支持度以后,再找出高频二项集,并利用这些高频二项集的结合,产生候选三项集。

⑤重复扫描数据库,与最小支持度比较,产生高频项集,再结合产生下一级候选项集,直到不再结合产生出新的候选项集为止。

4.5.4 群集分析(cluster analysis)

群集分析又可称为聚集、丛集分析,目的是将相似的事物归类。将数据分为几组,以达到将组与组之间的差异找出(群间差异大),同时也要将一个组之中成员的相似性找出(群内差异小)。

聚集和分类不同的在于,聚集不依赖于预先定义好的类。在开始聚集之前,研究者不知道要把数据分成几组,也不知道怎么分(依照哪几个变量),因此不需要训练集。所以在群集之后必须要由分析师来解读这些分类的意义。很多情况下,只用一次聚集所得到的分群可能并不适当,这时需要删除或增加变量以影响分群的方式,经过几次反复之后才能最终得到一个理想的结果。

(1)群集分析的计算方法

在群集分析中,其主要的分析方法就是去衡量事物之间的“相似性”,是依据样本在几何空间上的“距离”来判断的。样本的“相对距离”越近,代表着它们的“相似程度”就越高,于是就可以归并成为同一组。

在数学上对于“距离(相似度)”这个概念,可以有以下几种不同的定义:

①点与点之间的距离(x_i、x_j 点之间的距离)

A.欧式距离(Euclidean distance)

适合使用在单位一致或是单位大同小异不必加权的多变量数据上。

$$d_{ij}=[(x_i-x_j)^T(x_i-x_j)]^{\frac{1}{2}}$$

B.马氏距离(Mahalanobis distance)

其算法类似欧式距离,但其需经过协方差矩阵的修正,也就是一般统计观念中“标准化”的程序。

$$d_{ij}^2=(x_i-x_j)^T S^{-1}(x_i-x_j)$$

C.曼哈顿距离(Manhattan distance)/市街距离(city-block)

以数据差异的绝对值作为衡量的依据。由于对数据差异没有经过开方与平方根的调整,也不须经过协方差矩阵的修正,所以以此作为群集分析的结果,当然与前两者距离所产生的差异相当的大。

$$d_{ij}=\sum|x_i-x_j|$$

②群与群之间的距离(设有 P、Q 两类,i、j 分别为此两类中的点)

A.单一连接法(single linkage)

两类之间的距离,由两类的所有连接中最短的那个距离决定。

$$\mathrm{d}(P,Q)=\min d_{ij}$$

B.完全连接法(complete linkage)

两类之间的距离,由两类的所有连接中最长的那个距离决定。

$$\mathrm{d}(P,Q)=\max d_{ij}$$

C.平均连接法(average linkage)

两类之间的距离,由两类的所有连接的平均长度决定。$N(\cdot)$表示此类中样本点的个数。

$$d(P,Q)=\frac{\sum_i \sum_j d_{ij}}{N(P)N(Q)}$$

(2)聚类分析的算法

①分割算法(partitioning algorithms)

数据由用户指定分割成 K 个集群。每一个分割(partition)代表一个集群(cluster),集群是以优化分割标准(partitioning criterion)为目标,分割标准的目标函数又称为相似函数(similarity function)。因此,同一集群的数据对象具有相类似的属性。

分割算法中最常见的是 K-means 及 K-medoid 两种。此两种方法是属于启发式(heuristic),是目前使用相当广泛的分割算法。

A.K-means 算法:集群内数据"平均值"为集群的中心

因为其简单易于了解使用的特性,对于球体形状(sherical-shaped)、中小型数据库的数据挖掘有不错的成效,可算是一种常被使用的集群算法。

步骤如下:

输入数据:群集的个数 K,n 个数据的信息。

输出数据:K 个群集的数据集。

步骤 1:任意由 n 个数据对象中选取 K 个对象当作起始群集的中心。

步骤 2:对于所有 n 个对象,一一寻找其最近似的群集中心(一般是距离近者相似度较高),然后将该对象归到最近似的群集。

步骤 3:根据步骤 2 的结果,重新计算各个群集的中心点。

(群集内各对象的平均值)

步骤 4:重复步骤 2 到 3,直到所设计的停止条件发生。

(一般是以没有任何对象变换所属群集为停止条件)

B.K-medoid 算法:"最接近群集中心"者

以群集内最接近中心位置的对象为群集的中心点,每一回合都只针对扣除作为群集中心对象外的剩余对象,重新寻找最近似的群集中心。因此与 K-means 算法只计算各个群集中心点的方式略有不同。将步骤 3 改为:随意由目前不是当作群集中心的数据中,选取一欲取代某一群集中心的对象,如果因为群集中心改变,导致对象重新分配后的结果较好(目标函数值较为理想),则该随意选取的对象即取代原先的群集中心,成为新的群集中心。

表 4-5-2　K-means 与 K-medoid 算法的比较

算法	K-means	K-medoid
优点	适合处理分群数据明确集中在某些地方的情形	适合噪声或者特立独行数据的处理
缺点	只适合于数值数据	计算较为复杂烦琐
共同缺点	事先要确认 K 值为何	

②阶层算法(hierarchical algorithms)

此法主要是将数据对象以树状的阶层关系来看待。分成两种进行：

A.凝聚法(agglomerative)

首先将各个单一对象先独自当成一个丛集,然后再依相似度慢慢地将丛集合并,直到停止条件到达或者只剩一个丛集为止,此种由少量数据慢慢聚集而成的方式,又称为底端向上法(bottom up approach)。

B.分散法(divisive)

首先将所有对象全部当成一个丛集,然后再依相似度慢慢地丛集分裂,直到停止条件到达或者每个丛集只剩单一对象为止,此种由全部数据逐步分成多个丛集的方式,又称为顶端向下法(top down approach)。

③密度型算法(density-based algorithms)

以数据的密度作为同一群集评估的依据。起始时,每个数据代表一个群集,接着对于每个群集内的数据点,根据邻近区域半径及临界值,找出其半径所含邻近区域内的数据点。如果数据点大于临界值,将这些邻近区域内的点全部归为同一群集,以此慢慢合并扩大群集的范围。如果临界值达不到,则考虑放大邻近区域的半径。

此法不限于数值数据,可适合于任意形态数据分布的群集问题,也可以过滤掉噪声,较适合于大型数据库及较复杂的群集问题。但缺点是邻近区域范围及阈值大小的设定;此两参数的设定直接关系此算法的效果。

4.5.5 时序群集(sequence clustering)

顾客通常在购买某类商品后,经过一段时间,会再购买另一类商品,而时序群集算法就是要找出先后发生事物的关系,重点在于分析数据间先后的序列关系。序列数据(sequence data)即为一由顺序事件序列组成的数据,相关的变量是以时间区分开来,但不一定要有时间属性,例如浏览 Web 的数据。

时序群集算法是时序分析和群集的组合,它识别时序中类似排序事件的群集,而群集可基于已知性质来预期时序中事件的可能排序。

• 时序群集的计算方式

在时序群集中有三个重要的参数，分别为：

①Interest

A.规则是否有用，是否有一般性，需要衡量的指标是 Interest。

B.当某一规则或序列满足一定水平的置信度和普遍性，称 Interest。

C.通常以 Support 和 Confidence 来衡量规则或序列的 Interest。

②Support

A.测量一规则在数据集中发生频率的指针，表示一规则的显著性。

B.序列 $s=(s_1,\cdots,s_n)$，若 s 包含在一个数据序列中，则称为数据序列支持；序列 s 的 Support(s)＝包含 s 的数据序列总数/数据库中数据序列总数；若 Support(s)大于等于 min(Support)，称 s 为频繁序列。

c.时序群集目的在于找出数据库中所有频繁序列的集合。

③Confidence

A.表示规则的强度，值介于 0 和 1 之间，当接近 1 时，表示是一个重要的规则。

B.实施时序群集分析时，要事先确定最小 Support 和最小 Confidence。

4.5.6 回归分析(regression analysis)

回归分析就是使用一系列现有数值来预测一个连续变量的可能值，只支持连续属性的预测。为建立变量关系的数学方程式的统计程序，将研究的变量区分为因变量与自变量，并建立函数模型，其主要目的是用来解释数据过去的现象及用自变量来预测因变量未来可能产生的数值。换句话说，就是当某种现象的变化及其分布特性清楚后，需分析是什么原因使这种变化发生，或某种现象对其他种现象有什么影响。

(1)回归分析的分类

回归分析大致可分为以下三种：

①简单线性回归(simple linear regression)

仅有一自变量与一因变量，且其关系大致上可用一条直线表示。

②多元回归(multiple regression)

两个以上自变量的回归。

③多变量回归(multi-variable regression)

用多个自变量预测多个因变量，建立的回归关系。

(2)回归分析的计算方式

回归模型公式如下所示：

$$Y=\beta_0+\beta_1 X+\varepsilon$$

有关误差项 ε 的假设如下所示：

A.误差项为一随机变量，其平均数或期望值为 0，$E(\varepsilon)=0$。由于 β_0 与 β_1 均为常数，因此对一已知的 X 值而言，Y 的期望值 $E(Y)=\beta_0+\beta_1 X$ 称为回归方程式(regression equation)。

B.对所有 X 值而言，误差项的方差均为 σ^2。对所有 X 值而言，Y 的方差均等于 σ^2。

C.误差项为一正态分布随机变量。

4.5.7 罗吉斯回归分析(logistics regression analysis)

在定量分析的实际研究中，线性回归模型是最流行的统计方式。但许多社会科学问题的观察，都只是离散而非连续的。对于离散问题，线性回归就不适用了。

罗吉斯回归可以处理线性回归无法处理的非正态分布数据，适用于因变量为离散型(即为二元类别或时序数据)的情形，并描述因变量与自变量之间的关系。

(1)罗吉斯回归分析的优点

①在统计学上，许多学者认为罗吉斯回归的优点，主要是能处理因变量有两个类别的名义变量，用以预测事件发生的胜算比(odds ratio)。

胜算比定义：一件事情会发生的概率除以不会发生的概率，若以或然率 $P(Y)=0.5$ 为判别值(cut value)，将 0.5 以上判别为 1，0.5 以下判别为 0，则利用罗吉斯回归便可进行类别预测。

②基于数学观点，是一个极负弹性且容易使用的函数。

(2)罗吉斯回归分析的计算方式

罗吉斯回归模型具有 S 形曲线的分布，事件发生的条件概率与 x_i 之间的非线性关系为单调函数，x_i 为自变量，所以随着 x_i 增加时，事件发生的条件概率也会跟着单调递增；当 x_i 减少时，事件发生的条件概率也会跟着单调递减。所以由 S 形曲线可得知，当 x_i 趋近于负无穷大时，则事件发生的概率会趋近于 0；当 x_i 趋近于正无穷大时，则事件发生的概率会趋近于 1。罗吉斯函数的值域为 0 到 1 之间。

罗吉斯回归模型为令 p 为表示某种事件成功的概率，它受因素 x 的影响，即 p 与 x 的关系，如下列公式所示：

$$p=\frac{e^{f(x)}}{1+e^{f(x)}}$$

$$\ln(\frac{p}{1-p})=f(x)=\beta_0+\beta_1X_1+\cdots+\beta_kX_k$$

4.5.8 人工神经网络(artificial neural network)

人类神经网络为一类似人类神经结构的并行计算模式,是"一种基于脑与神经系统研究,所启发的信息处理技术",通常也被称为平行分布式处理模型(parallel distributed processing model)或链接模型(connectionist model)。其具有人脑的学习、记忆和归纳等基本特性,可以处理连续型和离散型的数据,对数据进行预测。可利用系统输入与输出所组成的数据,建立系统模型(输入与输出间的关系)。

(1)人工神经网络分类

常见的人工神经网络模型大致可分为四大类:

①监督式学习网络(supervised learning network)

从问题中取得训练样本(包括输入和输出变量值),并从中学习输入与输出变量两者之间的关系规则,可以在新样本中输入变量值,进而推知其输出变量值。主要模型有感知机网络(perceptron network,PN)、倒传递网络(back-propagation network,BPN)、概率神经网络(probabilistic neural network,PNN)、学习向量量化网络(learning vector quantization,LVQ)及反传递网络(counter-propagation network,CPN)。

②非监督学习网络(unsupervised learning network)

从问题中取得训练样本(仅包括输入变量值),并从中学习输入变量的分类规则,可以在新样本中输入变量值,从而获得分类信息。主要模型有自组织映像图网络(self-organizing map,SOM)及自适应共振网络(adaptive response theory,ART)。

③联想式学习网络(associate learning network)

从问题中取得训练样本(仅包括状态变量值),并从中学习内在记忆规则,可以应用于新的案例(不完整的状态变量值),从而推知其完整的状态变量值。包括霍普菲尔网络(Hopfield neural network,HTN)及双向联想记忆网络(bi-directional associate memory,BAM)。

④最适化应用网络(optimization application network)

针对问题设计变量值,使其在满足设计限制下,达到设计目标优化的效果。包括霍普菲尔—坦克网络(Hopfield-Tank neural network,HTN)及退火神经网络(annealed neural network,ANN)。

(2)人工神经网络的优点

人工神经网络是崭新且令人兴奋的研究领域，它有很大的发展潜力，但也同时遭受到一些尚未克服的困难。其优点可列举如下：

①可处理噪声：一个人工神经网络被训练完成后，即使输入的数据中有部分遗失，它依然有能力辨认样本。

②不易损坏：因为人工神经网络以分布式的方法来表示数据，所以当某些单元损坏时，它仍然可以正常地工作。

③可以平行处理。

④可以学习新的观念。

⑤为智能机器提供了一个较合理的模式。

⑥已经被成功地运用在某些以一般传统方法很难解决的问题上，如某些视觉问题。

⑦有希望实现联合内存(associative memory)。

⑧它提供了一个工具，来模拟并探讨人脑的功能。

(3)人工神经网络的架构

人工神经网络主要架构是由神经元(neuron)、层(layer)和网络(network)三个部分所组成。整个人工神经网络包含一系列基本的神经元，通过权重(weight)相互连接。

神经元是人工神经网络最基本的单位。单元以层的方式组织，每一层的每个神经元和前一层、后一层的神经元连接，共分为输入层、输出层和隐藏层，三层连接形成一个神经网络。

输入层只从外部环境接收信息，是由输入单元所组成，而这些输入单元可接收样本中各种不同特征信息。该层的每个神经元相当于自变量，不完成任何计算，只为下一层传递信息；隐藏层介于输入层和输出层之间，这些层完全用于分析，其函数联系输入层变量和输出层变量，使其更配适数据。而最后，输出层生成最终结果，每个输出单元会对应到某一种特定的分类，为网络送给外部系统的结果值，整个网络由调整链接强度的程序来达成学习的目的。其构造如图4-5-3所示。

假如输出单元的输出值和所预期的值相同，那么连接到此输出单元的链接强度则不被改变。但如果应该输出1的单元却输出0，那么连接到这个单元的链接强度则会被加强。相反，如果应该输出0却输出1，那么连接到此输出单元的链接强度则会被降低。简单地说，达成收敛的效果是这个学习程序的主要目标。目前尚没有统一的标准方法可以计算人工神经网络的最佳层数。

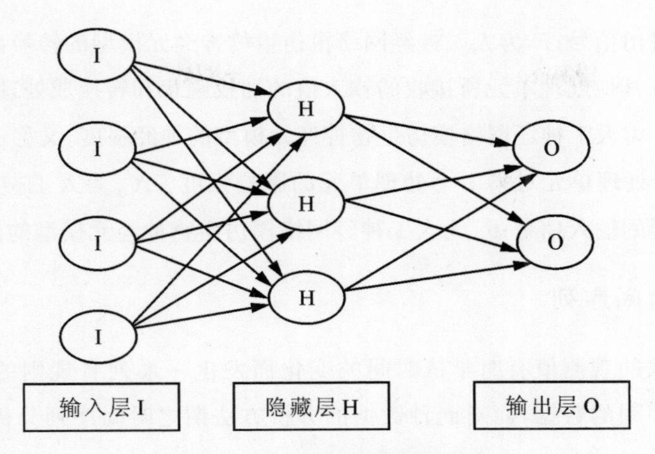

图 4-5-3　人工神经网络的架构

(4)人工神经网络的计算方式

人工神经网络整体运作主要分为学习过程(learning process)与预测过程(prediction process)两种。其中学习过程是依学习算法,从样本中学习,以调整网络链接加权值的过程;而预测过程则借由学习过程中所得到的加权值,作为网络链接的加权值,并依预测算法就输入条件而推测相对应的输出结果。

人工神经网络是由许多的人工神经细胞(article neuron)所组成,人工神经细胞又称类神经元、人工神经元或处理单元。其人工神经元模型示意图,如图 4-5-4所示。

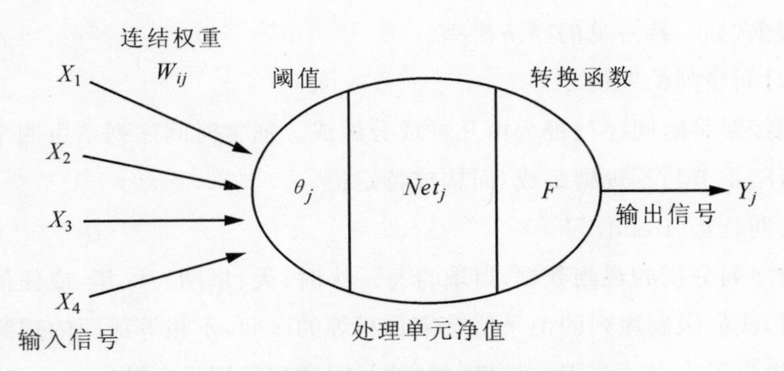

图 4-5-4　人工神经元模型示意图

输出值与输入值之间的关系可用下列公式表示:

$$Y_j = F(\sum_i W_{ij} X_i - \theta_j)$$

i 为输入层的神经元数;j 为输出层的神经元数;Y_j 为人工神经网络模仿生物神

经元模型的输出信号；F 为人工神经网络模仿生物神经元模型的转换函数，此转换函数的功能是将其他处理单元所接收的输入值的加权乘积和转换成处理单元输出值的数学公式；W_{ij} 为人工神经网络模仿生物神经元模型的神经强度，又称连接加权值，用以表示第 i 个处理单元对第 j 个处理单元的影响强度。X_{ij} 为人工神经网络模仿生物神经元模型的输入信号；θ_j 为人工神经网络模仿生物神经元模型的阈值。

4.5.9 时间序列

生物现象的观测值有时常依时间的变化而发生一系列有规则的变化，此种数据谓之时间序列的数据，而对此种数据的分析方法谓之时间序列分析法（又称自相关回归）。

时间序列是用变量过去的值来预测未来的值。与回归一样，也是用已知的值来预测未来的值，只不过这些值的区别是变量所处的时间不同。时间序列采用的方法一般是在连续的时间流中截取一个时间窗口（时间段），窗口内的数据作为一个数据单元，然后让这个时间窗口在时间流上滑动，以获得建立模型所需要的训练集。

（1）时间序列分析的特点

①对数列未来趋势做预测。

②将数列分解成主要趋势成分（trend components）、季节变化成分（seasonal components）。

③对理论性模型与数据进行拟合优度检验，以讨论模型是否能正确地表示所观测的现象，如一些常见的经济模型。

（2）时间序列的架构

我们经常将时间序列视为由几种成分组成。通常时间序列系由四个成分——趋势、循环、季节与不规则组成，而构成特定值。

①长期趋势（trend）

时间序列分析的观测数据，可取自每一小时、天、星期、月、年，或任何其他有规则的区间，我们限制序列的记录值是来自相等的区间，不相等区间的观测值的处理问题，则超出了本书的范围。虽然一般的时间序列数据呈现随机的上下变动，但就长期来看，它仍然逐渐地变动或移动成在一定范围内变动的值，这逐渐变动的时间序列，经常是由于长期因素所导致的，例如人口的变动，人口统计上的特征改变，工业技术的改进，以及顾客的喜好改变等，我们称之为时间序列的趋势。

②循环变动（cyclical component）

我们不能预期所有时间序列的未来值都落在趋势线上。事实上时间序列的变动数值经常落于趋势线上方与下方。落于趋势线的上方与下方序列点的任何超过一年的有规则变动皆属于时间序列的循环成分。

许多时间序列的连续观测值规则地落于趋势线的上方与下方，而呈现循环的现象。一般在经济上多年的循环变动，可以用这种时间序列的成分来代表。

③季节变动(seasonal fluctuation)

虽然时间序列趋势与循环成分须分析过去多年的数据方能辨认，然而有许多时间序列在一年内即呈现规则的变动情形。例如，游泳池的制造商可以预测其在秋冬季的月份中，销售较差，在春夏季的月份则销售较好；而除雪器材及厚衣的制造商每年的预期却恰好相反。这种随着季节的变动而变动的时间序列成分，我们称之为季节成分。

一般我们都认为时间序列的季节变动是在一年之内，然而我们常用它来表示少于一年的连续重复的变动。例如每天的交通流量也呈现了一天内的“季节”情况，在高峰时间最为拥挤，白天的其他时间中等，而从午夜至凌晨则流量为最低。

④不规则变动(irregular)

时间序列的不规则成分是以趋势、循环及季节等成分来说明此时间序列时，实际的时间序列值与我们所预期的序列值之间的残差因素。它是用来说明时间序列的随机变动。时间序列的不规则成分，常是由短期不可预知或非重复的因素所引起的。正因为它是用来说明时间序列的随机变动，故无法预测。我们更无法事先预知其对该时间序列的冲击。

(3)时间序列的计算方式

①相加模型(additive model)：$Y=T+S+C+I$

a.模型中所有的数值均以原始单位表示。

b.若 $S>0$ 表示季节变动对 Y 有正的影响。

c.若 $C<0$ 表示循环成分对 Y 有负向影响。

d.若 $I<0$ 显示有些随机事件对 Y 有负的影响。

相加模型最大的缺点是假设各个成分彼此独立，然而现实生活中，任意一个成分变动有时会影响其他成分的变动，因此在经济活动中，此模型并不适合。

②相乘模型 (multiple model)：$Y=T\cdot S\cdot C\cdot I$

a.模型中 T 以原始单位表示，C、S、I 以百分比表示。

b.C、S、I 均大于 1 时表示相对效果高于趋势值，若小于 1 时表示相对效果低于趋势值。

c.相乘模型假设各个成分彼此相互影响，非独立。

d.由于季节变动只发生于一年内，因此对于年度数据，相乘模型为 $Y=T\cdot C\cdot I$。

第五章
大数据应用的未来趋势和挑战

5.1 什么是数据科学家

在取得数据的环境上，除了公司本身所产生的数据以外，还有政府公开统计数据，以及数据整合公司提供的数据，取得比较数据的渠道已越来越成熟。

而在技术层面上，随着硬盘价格与NoSQL数据库等的出现，和过去相比较，现在我们能用既便宜又有效率的方式储存大量的数据。另外，随着像Hadoop般能在通用服务器上执行分散处理的技术的出现，用比过去更低价且高速的方式，汇总处理庞大非结构化数据的环境，也已逐渐成形。

但是，无论储存设备或工具变得多完备，光靠这些东西本身，并不会让数据产生价值。有了这些工具之后，接下来需要的是有能力运用这些工具，从庞大的数据矿山中挖出金矿，以简单易懂的方式把其价值传达给各个利害关系人，最终将它与实际业务连接在一起的人才。拥有这些能力的人才，正是在大数据浪潮中的美国现在最炙手可热的"数据科学家"。

社会上对数据科学家的关注度之所以提高，一方面也和Google、亚马逊、Facebook等企业崛起的背后，都存在着数据科学家一事广为人知有关。这些互联网企业不只是累积大量数据，还把这些数据转化为更有价值的金矿。比方说，提供准确搜寻结果、定位广告、精准商品推荐、你可能认识的用户清单等。

"数据科学"一词，是很久以前便开始存在的词，但"数据科学家"，却是近年内才突然出现的词。其起源仍未被确认，但在Toby Segaran和Jeff Hammerbeacher合编的*Beautiful Data: The Stories Behind Elegant Data Solutions*一书中，对Facebook的数据科学家，有着以下描述："在Facebook，像是业务分析师、统计学家、工程师和研究科学家等既有的职称,都无法明确定义我们团队所做的事。我们每个人负责的任务非常多样,比方说,某一位同事在某一天的工作内容包括:用Python编写多层的指令管线(pipeline),设计假说测试,以统计软件R进行数据样本的回归分析,针对Hadoop上属于数据密集产品或服务着手设计与执行算法,并且将分析结果以简单明了的方式向其他同事简报并互相讨论。为了表达能够胜任以上任务所必备的多重技术需求的人才,我们创造出'数据科学家'这个角色。"

数年以前,世上根本还没有"数据科学家"这种具体职业。但在一瞬间,它就被誉为"未来十年的IT业界里最重要的人才"。甚至在2012年10月,《哈佛商业评论》宣布"数据科学家是21世纪最性感的职业"。

Google的首席经济学家、加州大学伯克利分校的教授Hal Ronald Varian,在2008年10月一场与麦肯锡公司资深合伙人James Manyika的对谈中表示:"我不断强调,未来十年,最吸引人的工作将是'统计专家'。也许世人会认为我在说笑话。但是,计算机工程师在1990年代抢手这件事,又有谁有预测到呢?提取数据的能力、理解数据的能力、处理数据的能力、从数据中萃取价值的能力、把数据可视化的能力、把数据传达给他人的能力等,这些将会是未来十年里极为重要的能力吧?其重要性不是只针对专家级的人而言,而是连小学、高中或大学的学生亦是如此。为什么?因为现在基本上我们已能自由地从任何地方取得数据,所缺乏的只是能够理解数据,从中萃取价值的能力。"

Hal Ronald Varian在那场对谈中,用的是Statisticians(统计专家)这个名词。虽然他并未说出Data Scientist(数据科学家)这几个字,但他指的便是现在的数据科学家。

虽然目前"数据科学家"这个职业尚未有明确的定义,但大致上指的是如下这样的人才:"运用统计分析或机器学习、分布式处理的技术,由大量数据中萃取出在商业上有意义的洞见,然后以简单易懂的方式将它传达给决策者的人才;或是用数据创造出全新服务的人才。"

5.2 数据科学家须具备的技能与资质

5.2.1 数据科学家须具备的技能

(1)计算机科学

一般而言,数据科学家必须具备编程和计算机科学知识。简而言之,必须会使

用 Hadoop 或 Mahout 等工具，掌握对处理大数据越来越重要的大规模平行处理技术或机器学习知识。

（2）数学、统计、数据挖掘等分析技术

除了数学和统计的素养之外，数据科学家还必须有能力操作 SPSS 或 SAS 等重要的统计分析软件。其中，R 是最近相当受瞩目的开放源代码统计分析用程序语言及执行环境，R 的长处在于，除了拥有丰富的统计分析用套件外，还具备能把结果可视化的高质量图表制作功能，而且以简单的指令就可执行，再加上它拥有名为“CRAN(The Comprehensive R Archive Network)”的扩充套件综合典藏网站，只要安装追加套件，就能使用标准版软件未支持的函数或数据集等。

（3）数据的可视化（visualizetion）

传达的方式好坏会对信息的质量造成很大的影响。对相当于罗列一大串数字的数据进行分析，找出它有什么意义之后去开发网络的原型，或是运用外部 API 将分析结果与图表或地图、Daashboard 等其他服务结合，让它可视化，这对于数据科学家而言，是非常重要的复合能力。

把数据与设计结合，将难以一眼看清的信息，用简单易懂的方式设计为“信息图表(infographics)”最近广受瞩目。以下介绍四个大数据可视化网站，提供大家使用：

• SAS VA

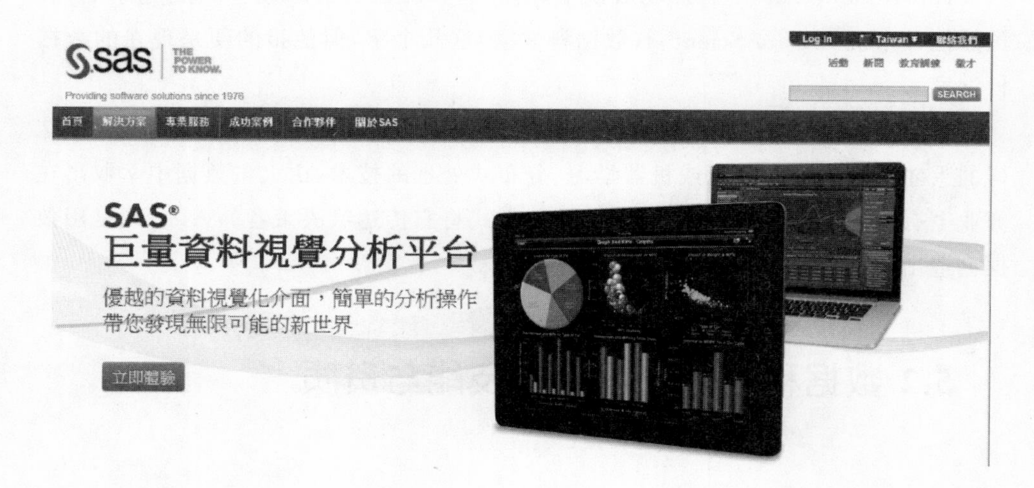

- Highcharts

- D3

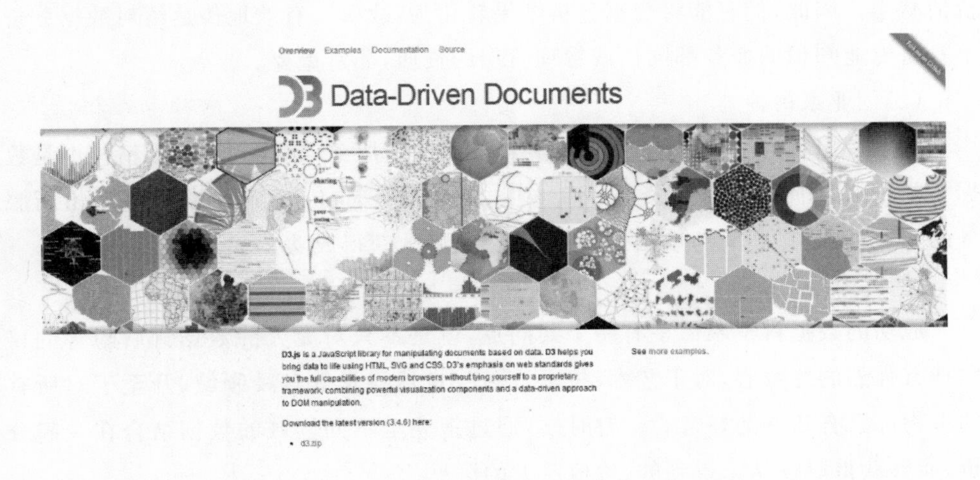

- ECharts

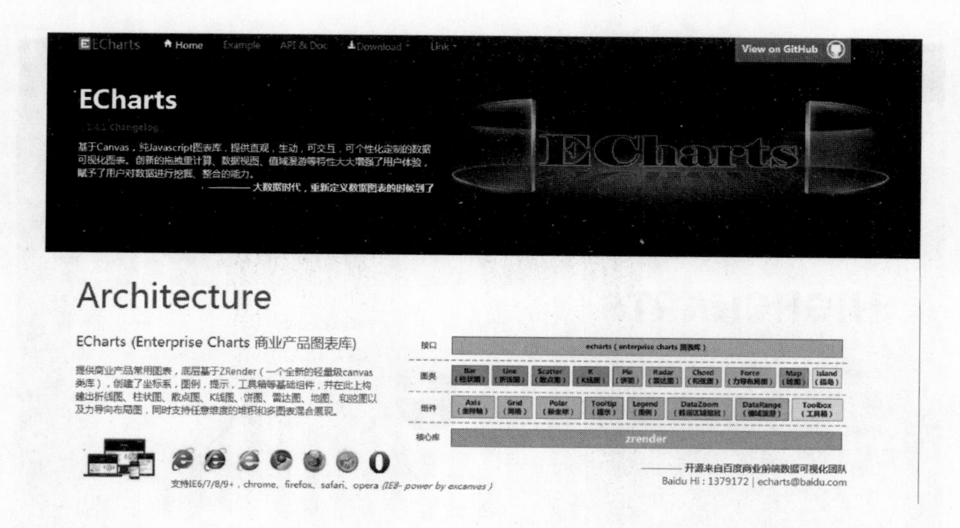

5.2.2 数据科学家须具备的资质

（1）沟通能力

即使能从大数据中发现有用的洞见，如果无法将其应用在商务上，则该洞见的价值减半。因此，拥有能将数据分析结果转化为“故事”，有效地传达给对数据分析不具备专业知识的业务部同仁或管理阶层的资质，非常重要。

（2）创业家精神

想创造出现前所未有的，以数据为核心的全新服务，这样的创业家精神也是数据科学家必须拥有的重要资质。Google、亚马逊、Facebook 等由数据创造出新服务的企业，都是在庞大的数据中辛苦摸索，最后才获得成功。

（3）好奇心

成功的数据科学家似乎有一个共同点，就是不只对庞大的数据背后隐含的秘密拥有强烈的好奇心，对于艺术、技术、医疗、自然科学等各种领域，乃至于对所有的事物都具有旺盛的好奇心。有时候，通过把完全不同领域的数据结合在一起分析，能够获得以往从未得到的、价值巨大的洞见。

5.3 全世界对数据科学家的需求越来越高

现在已经可预见，具备多项技能与素质的数据科学家将供不应求，全世界即将陷入人才不足的窘境。比方说,麦肯锡全球研究院于2011年5月发表的报告 *Big Data:The Next Frontier for Innovation, Competition ,and Productivity*(译:大数据——创造革新、竞争优势、提高生产力的下一个新领域)里认为,美国在大学或研究所主修统计或机器学习的学生,将于2018年时增至30万人。但同时,估计需求量将多达44万至49万人,呈现出14万至19万的人才缺口。

在四五年前,需要数据科学家的几乎仅限于Google或亚马逊等网络企业。但到了现在,只要是着眼于数据分析的企业,不分行业都积极招募数据科学家,这种情况,也更加剧了数据科学家的人才短缺情况。

最近资策会的课程招生文案中,出现引人注目的文字:“成为拥有百万年薪的数据科学家,当上数据科学家,等于拥有一张年薪百万元的入场券。”玉山银行人资长王志成表示,数据科学家是银行业竞争的秘密武器,因此升迁的机会也比其他职位多得多,而且预计工作三年左右,年薪至少百万,是目前正热门的职业。

当大数据在全球方兴未艾之际,根据SAS公司的统计,总计全球企业约需170万名数据科学家。在台湾,大数据的应用虽然才刚刚萌芽,但是要面临的几项重大挑战,除了数据分析人才不足之外,还有现场顾问服务不足及对数据价值的敏感度不足的问题,而这些因素都将影响大数据在台湾市场的发展。数据科学家的工作职缺,从2011年开始急速攀升,成为前十大热门职缺。

台湾数据挖掘协会荣誉理事长谢邦昌认为:“许多人以为只有大型企业才需要数据分析演算,但事实不然,即使是中小企业,同样存在解析数据的需求。预估台湾需求的这类人才大约会是在1万名以上。”

2011年12月,大型IT供货商EMC在公布的《数据科学调查研究》中,提出了非常有意思的见解。这项调查,包括美国、英国、法国、德国、印度、中国相当于数据科学家或是商业智能专家的IT部门决策者共462位对象,再加上该公司2011年5月于拉斯维加斯举办的数据科学家高峰会(Data Scientist Summit)的参加者,以及在线数据科学家社群Kaggle所招待的35位专家参与调查。调查结果的要点如下:

首先,有三分之二的调查对象表示数据科学家供不应求,这一点和前述麦肯锡全球研究院报告一致。对于新数据科学家的供应来源,期待来自“主修计算机科学的学生”,最多约有三分之一。反倒是认为来自既有商业智能专家的只有12%,令人意外。换句话说,调查对象几乎不期待既有的商业智能专家有办法因应目前对数据科学家的需求。

我们了解到,数据科学家与商业智能专家的差异在于,从取得包括外部数据在内的新数据集,一直到依据数据做出业务上的决策,数据科学家倾向深入参与数据完整生命周期，包括对数据的过滤及系统化，以及数据的可视化等。

数据科学家与商业智能专家的背景，也呈现出相当有趣的不同。相对于多数数据科学家在大学时代是主修计算机科学或工程学、自然科学等，商业智能专家则大多主修商学。再者，相较于商业智能专家，数据科学家拥有硕士或博士学位的比较多，也是一项有趣的特征。

5.3.1 学术界相关的大学系所、研究所开始设立

(1)台湾——东吴大学

东吴大学在2013年7月17日宣布成立“海量数据分析研究中心”，并与全球最大私人软件公司“SAS计算机软件”签约。其目标是借由SAS可于移动设备呈现、可视化操作及自主分析三大特色，促进大数据分析研究，推广大数据分析的专业训练，增强大数据分析的跨领域整合人才培训以及相关国际学术交流，并将通过结合跨领域研究人力资源，提升研究实力。

有别于大部分学校仅于信息或统计等学科设立独立课程的做法，东吴大学“海量数据分析研究中心”将整合学校长期累积的研究基础及跨领域资源推动创新计划。该中心研究团队成员横跨人文社会、外语、理、法商等专业，研究领域涵盖数学、统计分析、优化理论、信息管理、数据挖掘、云端计算、商业智能、数据仓库等。

初期“海量数据分析研究中心”有以下六大任务：①促进海量数据分析研究；②推广海量数据分析的专业训练；③增强海量数据分析的跨领域整合人才培训；④规划推动海量数据分析课程；⑤拓展国际学术交流；⑥推动其他与海量数据分析研究有关的事务。主要研究方向为社会科学、全球问题大数据研究分析，与云计算系统整合，以提供财经商情、企业营运、社会政策、区域问题与全球变迁各领域的相关信息。研究主题主要包含：“财经商情”“企业营运”“区域问题”等。

为使“海量数据分析研究中心”功能一步到位，除了东吴大学原有的学术基础及专业的研究团队，更于初期即导入全球“进阶分析”市场上已经大幅领先其他品牌的SAS，并使用最新可视化分析平台(VA)，以专业的工具加速“海量数据研究中心”于学术研究、教学实务、企业服务等方面发展，并可让学生于校园中，即能以专业软件学习，并通过实务数据研究分析的经验，与全球企业需求无缝接轨，提升就业竞争力。

(2)台湾——台湾大学

台湾大学为强化校内各学术部门互动以及跨领域合作，在2014年4月21日特举办研究中心跨领域合作提升研讨会议，Intel——台大创新研究中心承办，以

“巨量数据分析”为题，邀请校级各研究中心主管、相关产官学界人士分享大数据的知识念与应用实例，并分为人类行为数据(data of the people)、人类产制数据(data by the people)、人类运用数据(data for the people)三个子题进行分组讨论。

此会议表示，大数据在人文社会、理、工、医、农等领域皆有运用的潜力，台大在各个学术领域都具备优势，但各领域交流的机会并不多，若能通过此次会议，增进跨领域的合作，强化学际互动，相信很快能为大数据发展出有创意且具前瞻性的运用。

(3)美国——西北大学(Northwestern University)

在国际上有许多大学也纷纷设立与大数据相关的课程或是系所，如下图 5-3-1 为大数据分析硕士学位的 20 所热门国外大学研究所。

本节介绍位于美国伊利诺伊州芝加哥郊外艾文斯顿(Evanston)的私立大学名校西北大学开设的与大数据相关课程。美国西北大学决定自 2012 年 9 月起，于工学院新设教授大数据分析知识的分析学研究所，并开始招收学生。“虽然只要对 Hadoop 或 Cassandra 初步掌握，谁都能轻松找到工作，但拥有真正深度知识的人才，却非常缺乏。”对于设立研究所的理由，该校如此表示。

图 5-3-1　具有大数据分析硕士学位的国外大学研究所

此外，该研究所把“教授能将业务导向成功的技能，培育出足以领导项目小组的优秀分析师”定为目标，在教学内容上，除了数学、统计学外，更会加入高级计算机工程学与数据分析等内容。计划中的课程内容相当全面，涵盖了分析学领域最重要的三种分析手法——预测分析、描述分析（descriptive analytics，包括商业智能与数据挖掘）及规则分析（prescriptive analytics，包括优化与模拟）。

这所研究所于设立之际，IT 供货商也积极提供协助。IBM 除了捐款 4 万美元以外，还表示将免费提供该公司的预测分析用软件 SPSS，并以特惠价格提供硬件设备等。而在预测分析软件上与 SPSS 相互竞争的 SAS、数据仓库供货商 Teradata 也成为赞助者，预计提供必要的产品与关于该产品使用法等的研习课程。

尤其是 IBM，由于 2012 年 1 月就任为该公司首位女性首席执行官的 Virginia M. Rometty 拥有西北大学计算机科学学士学位，现在也为理事之一，因此非常积极推动双方合作。不只硬件与软件，连课程设计或个案研讨的素材等方面 IBM 也表明愿意协助。依该公司最近投入大数据分析事业的态度，显然这一连串动作是期待将来能从中获得大量人才。

（4）大陆——清华大学

清华大学于 2014 年 4 月 26 日宣布成立数据科学研究院，并推出多学科交叉培养的大数据硕士项目。大数据硕士项目将依托信息学院、经管学院、公管学院、社科学院、交叉信息研究院、五道口金融学院等 6 个院系协同共建，以数据科学与工程、商务分析、大数据与国家治理、社会数据、互联网金融等硕士项目为先导，积极开拓与国际著名高校的大数据双硕士学位项目建设。

清华大学大数据战略人才培养工程包括大数据职业素养课程建设、大数据硕士项目、大数据博士项目等。学校将通过 5 门大数据职业素养课程建设，推动全校研究生的大数据思维模式转变。

大数据硕士项目将采用理论学习、实践教学、大数据专题研究或学位论文研究相结合的方式，培养高层次应用型人才。在此基础上未来还将探索大数据专业博士项目。

该研究院学术委员会由世界著名计算机科学家、图灵奖得主姚期智领衔，顾问委员会由全球著名大数据公司掌门人、知名学者、与大数据分析决策相关的政府要员组成。

清华大学校长陈吉宁表示，作为一种新型战略资源，大数据引起了业界、学界、政界的高度重视，各发达国家先后推出发展大数据计划，一批世界名校纷纷成立研究机构，开设相关课程和学位项目。清华大学与青岛市合作成立数据科学研究院，对大数据这一跨领域问题开展深入研究，不仅将引发学科建设、科学研究等方面的变革，而且还将有力推动人才培养和教师队伍建设。

5.3.2 产业界对相关人才的招募

(1)产业界的招聘广告

①Facebook

Facebook 正在招募有意愿加入该公司数据科学团队的数据科学家,应征此职务者,将担任软件工程师、计量研究员的工作。理想的应征者,是对研究在线社群网络极有兴趣,且具备热情,愿意为了制作出最佳产品,全力找出问题并寻求解决方法者。

【职务内容】

√这是一份负责找出产品的重要问题,并与产品工程团队密切合作,以解决该问题的工作。

√用适当的统计手法分析数据,以求解决问题。

√把结论传达给产品经理与工程师。

√搜集新数据,并改良既有的数据源。

√分析、探明产品的实验结果。

√开发出最佳的计量、实验方法,传达给产品工程团队。

【必要条件】

√相关技术领域的硕士或博士学位,或在相关职务拥有 4 年以上工作经验。

√拥有以量化手法解决分析性课题的丰富经验。

√能够轻松驾驭与分析来自各方复杂且大量的高阶数据。

√对实证研究或解决关于数据的困难课题有强烈热情。

√能对各种不同准确度的结果采取灵活的分析手法。

√有能力以正确且可执行的方式进行复杂的量化分析。

√有能力驾轻就熟地使用 Python 等至少一种网络描述语言。

√精通关系数据库与 SQL。

√拥有 R、MATLAB 或 SAS 等分析工具的专业知识。

√拥有处理大量数据集和使用 MapReduce、Hadoop、Hive 等分布式计算工具的经验。

②鸿海

鸿海集团在 2013 年 8 月宣布于高雄软件园区兴建的云端数据中心,正式举行上梁典礼,斥资兴建费用达新台币 19 亿元,打造总面积近 1 万平方米的云端数据中心大楼及近 6 万多平方米的软件研发大楼,其中五层楼的云端数据中心大楼内

部规划有双层货柜式机房(CDC)及模块式机房(MDC),并设置计算机监控中心、展示中心、项目测试室和电信机房,未来将可提供给全球客户多样化的机房系统整合服务。

鸿海目前仍积极朝“八屏一网一云”的发展目标前进,甚至朝科技服务延伸,贯通科技产业第一里路到最后一里路(光纤入户),鸿海云端数据中心(IDC)未来更扮演着串联各平台的关键角色。

举例来说,鸿海的这个云端数据中心会加速各种设备研究开发及应用软件的创新发展,包括高速与大数据运算技术、HTML5 前/后台开发技术、智慧云端安全监控软硬件研发、物联网应用软件技术开发、绿色环保节能解决方案相关研究、电子商务移动平台规划管理等各种云端整合系统的开发技术。

鸿海内部表示,现阶段预计在高雄软件园区征招人才 3 000 人,将高软全力建设成为鸿海软件研发的重镇,开发集团新布局的关键技术,而且对于培养软件人才的投资没有上限。

鸿海指出,未来高软研发大楼兴建完成后,希望在最短时间内可以募集足够的人才,人才需求以软件研发工程师为主,包括云端相关设计人才(云端应用前/后台、云端运算平台、大数据软件研发)、App 应用软件研发人才、新操作系统(Firefox OS)应用开发人才等。

(2)产业界校园比赛

①玉山杯

随着开放数据的兴起,大数据分析与应用持续在台湾发烧,而“人才培训”被视为企业首要任务。为培养台湾的数据科学家,SAS 与玉山银行三度合作,举办第三届数据科学家系列活动“谁是高手巨量数据商机创意大赛”。不仅让学生了解大数据分析技术及其在各产业中的广泛应用,也开拓学界视野以激发更多创新想象,让台湾学生跟上国际脚步。

希望借由 SAS(统计知识+科学经验)及玉山银行(产业知识)在分析领域的专业及经验,鼓励参赛学生成为优秀的数据科学家,帮助学生提升自我能力、拓展视野并实现无限潜能的最佳方式。基于这样的信念,SAS 连续三年举办数据科学家系列活动,不仅仅是为企业储备人才,更希望能从“协助教育”及“提升学生就业竞争力”这两点着手,致力于社会的永续发展。SAS 除了希望能善尽企业社会责任,更希望协助学生从竞赛式学习中发现自我潜能,向上提升。让学生在竞赛过程中,增进知识技能“硬实力”的同时,还能强化实事求是、人际沟通互动和团队合力完成目标等职场上关键的“软实力”。

②东森杯

大数据时代来临！大数据不仅掀起了信息技术的革命，也是加速企业走向创新与全球化的利器，其中蕴含的价值更是毋庸置疑。为了协助台湾学子正面迎战大数据浪潮的汹涌来袭，东森信息科技举行“第一届东森杯 Big Data 校园争霸战”起跑说明会，除了有东森国际股份有限公司廖尚文董事长、台湾大学智能商务研计中心陈文华教授、东森信息科技李昭莹协理、SAS 台湾区销售顾问暨经销业务部高芬蒂副总、Etu(精诚)蒋居裕助理副总经理等各界专家学者与会之外，也有将近300 位本科生及硕士生参加。

主办单位东森信息科技表示“第一届东森杯 Big Data 校园争霸战”是以强化学生团队合作、数据挖掘专业技能、数据可视化分析及未来实务应用能力为主要培育方向，希望通过竞赛的方式，让学子们更深入了解如何将所学与企业实际案例联结，以达到培育人才的目的。

③KDD Cup

国际知识发现和数据挖掘竞赛(KDD Cup)是由 ACM(国际计算机协会，是一个世界性的计算机专业组织，创立于 1947 年，是世界上影响力最大的科学性及教育性计算机组织)的数据挖掘及知识发现专委会(SIGKDD)主办的数据挖掘研究领域的国际顶级赛事。

其中 KDD 的英文全称是 Knowledge Discovery and Data Mining，即知识发现与数据挖掘。从 1997 年开始，每年举办一次，目前是数据挖掘领域最有影响力的赛事。该比赛同时面向企业界和学术界，云集了世界数据挖掘界的顶尖专家、学者、工程师、学生等，通过竞赛，为数据挖掘从业者提供了一个学术交流和研究成果展示的理想场所。

KDD Cup 历年的比赛题取自不同的挖掘领域，并都有很强的应用背景。KDD Cup 的获胜队伍，将被邀请在当年举办的 ACM SIGKDD Conference 国际会议上提交论文并做技术报告，这些技术推动了数据挖掘行业不断向前发展。

数据挖掘是一个较新的交叉学科，随着海量数据近年来在各个行业的涌现，发挥了越来越大的推动作用，受到了广泛的关注。由此可见，全球对于数据挖掘这门科学可说是越来越重视。

④PAKDD

华硕与亚太数据探勘及知识发掘会议(Pacific-Asia Conference on Knowledge Discovery and Data Mining，简称 PAKDD)2014 年共同举办了台湾首次国际性大数据挖掘竞赛，全球共计超过 600 个团队热烈参与。本次竞赛由华硕提供为期五

年的维修记录数据，包含20多种产品共200多个组件的报修信息，参赛者必须依据大数据推测出各组件每月报修数量的预测模型，再与实际维修量比对来判定参赛模型的准确度。

面对大数据趋势，华硕关注数据整合与创新应用。通过低成本、大规模、有效率的方式将数据集中云端平台管理，并依据不同的数据类型进行加值处理，再进一步开放与各产业领域合作，延伸更多元的应用。华硕与PAKDD共同举办全球性的大数据挖掘竞赛，希望借此鼓励大数据挖掘领域蓬勃发展，为产业带来效益。这次竞赛前几名的队伍，都是利用处理时序数据的统计模型，结合数据预处理以及特征值萃取的方法来解决问题。最终达到误差数量在正负2以内的结果，显示数据挖掘的技术已非常成熟，可以在实务上被企业运用。

5.4 隐私权的问题

全球的数据不断累积且迅速增长，愈来愈多的人发现大数据时代来临所带来的价值，各行各业可以利用大数据分析带来价值，企业界可以利用消费者购物的数据，金融界可以使用信用卡的交易明细记录，医学界更有来自每天产生的生理健康数据，政府也可以将许多民生数据视为国家发展的各项指标。也就是说，在任何一个领域运用大数据分析皆可以带来影响，这是大数据时代所带来的转变。

大数据与任何事物一样，一体都有两面，在一连串追踪过程中，各行各业进行着数据管理与数据分析，为自己建立一套得分机制。这是否代表大数据带来完美效果，一切无懈可击？不可否认，在这一片赞扬声浪之中，看似一切光明面的背后，大数据也拥有着黑暗面。

或许并非所有的大数据都包含个人信息，如天气的数据、商品的销售量等，然而，现今产生的大部分数据确实包含了个人信息。麻省理工学院Alex Pentland博士提到："海量数据是新的资产。人们希望它是流动的，而且能为人们所用。新的跨越式数据收集的突破，将加剧对隐私的侵犯，同时引起人们对于隐私侵犯新的担忧，也是大数据浪潮中最重要的问题。"可以确定，大家的隐私权正被侵犯，因为搜集、储存个人信息比以往更加容易、更加不经意了，这些途径就是来自产生数据的那一瞬间，如使用信用卡、手机、社交网站等。当我们啧啧称奇美国零售商Target准确预测了顾客怀孕的消息，贴心地寄发怀孕促销广告时，不要忽视它也可能伤害了当事人的隐私。因为网络很方便，相对而言，未来个人信息的搜集、储存都将追踪变得更加容易，隐私权的保护也更受考验。

尽可能地想办法挖掘大数据的奥妙之处，我们也应当认清它的缺点，除了侵犯个人的隐私，将来我们对于个人的判断，也有可能依照数据而非个人的实际行为，这点可能造成莫须有的事件发生。因此，我们不应当让大数据阻碍人类自主思考，让预测莫名失控。

在运用大数据的每一时刻，无论政府还是企业都有目的性，大数据正改变着我们的生活，它的好处是让我们拥有更快、更有效率的创新，可是也不能无视它的弊端，使用者应该不忘初心，顾及人类隐私不越界，在造福人类的同时也保护大家的隐私。

第六章

大数据应用实战案例

6.1 利用大数据分析做航线聚类,指导航班排班计划

6.1.1 案例背景

随着航空公司运力的快速增长和当今航空竞争的日益激烈,航空公司营销部门每日需要采集和处理包括绩效、竞争、商务等大量的数据和信息。在如此大量数据的情况下,人工监控的方式已经难以继续进行,其弊病在于,在工作中难以及时发现问题,无法发现数据中的规律,这就需要针对不断产生并积累的大量数据,借助数据挖掘技术实现航班计划的管理。

根据具体需求,航空管控的大数据分析工作,应首先集中于"航班计划分析",通过数据分析与挖掘,分类航线,分析不同航线的表现特征,以指导航班整体排班计划。

在具体的数据收集过程中,航线上各个航班的运力、收益、客座率和时间分布数据,无疑是数据挖掘的主要关注点。在分析中,特别需要注意随着航线特征、时间和其他指标的不同关键数据的变动情况,以期做航线分类管理、科学计划航班,实现航班的数据化管理。

6.1.2 数据说明

(1)数据来源

案例所采用数据来自某航空监控平台2015年12月1日至2015年12月10日间的约40万条数据,为保密性考虑,对数据做了脱敏处理,案例说明中隐去数据的具体值。这并不影响案例中的思路和方法展示,使用开源的Python语言作为分析语言。

(2)数据预处理

①有效数据提取

基于目前的分析目标，原始数据是对航班做多次数据收集得到的结果，其中存在大量的“非充分信息”。基于目前的分析目标对得到的基础数据做二次提取，取收集时间(字段名:“receiveDate”)处于结算点(该日期对应具体航班的最后一条收集数据)上的数据作为结算数据。共获得 85 585 条数据。

②数据完善

对航线名称(字段名:“airline”)，将其拆分为前后代表始发站/终点站的各三个字母，引入三字码表，生成带有始发/终点机场和城市信息的数据序列，加入数据框。

③异常数据剔除

经过初步的数据筛查，发现原数据中出现大量剩余座位(字段名:“seatLeft”)为负的情况，经业务调研，该数据情况代表“提前订座”，但由于这种数据会导致运力指标无法计算，即客座率大于一，给分析目标带来障碍，故将该数据情况视为异常。

④缺失值处理

数据筛查发现了部分含有缺失值(记为“NaN”)的字段，对于其中不影响进一步基础指标计算的部分，将其替换为 0，若其替换为 0 时将使基础指标无法计算(如 0 进入分母)，则直接删除该条记录。

经过以上各步处理，剩余 68 387 条用于分析的数据。

⑤唯一性处理

数据中的各项指标均不具备唯一性，经对数据的研究，将日期＋航班号(字段名:“flightDate”＋字段名:“flightNum”)作为一条数据的唯一“id”。

⑥衍生指标计算

原始数据中并未包含航班管理关注的运力(航班能够承担的总乘客数)、里程、客公里收入(按每位乘客计，每公里的收入)、销售数、座公里收入(按每个座位计，每公里的收入)、客座率等指标，这些需要我们对基础数据做运算得到。计算说明如表 6-1-1 所示。

表 6-1-1　衍生指标计算

运力(‘CAP’) ＝旅客人数(‘PAX’)＋剩余座位数 (‘seatLeft’)
销售数 ＝ 出票数(‘tktNum’)
座公里收入(‘RASK’) ＝收入(‘income’)/座公里(‘seatMeterSell’)
里程(‘mileage’) ＝ 收入(‘income’)/座公里收入(‘RASK’)/运力(‘CAP’)
客公里收入(‘RRPK’) ＝收入(‘income’)/旅客人数(‘PAX’)/里程(‘mileage’)
客座率(‘PLF’) ＝旅客人数(‘PAX’)/运力(‘CAP’)

⑦分析字段确认

结合业务需求，提取有用字段及其数据类型如表 6-1-2。

表 6-1-2　数据字段名汇总

字段名	意　义	数据类型
airline	航线名称	object
dayOfWeek	起飞日期(周几)	int64
equiptype	航班类型	object
flightDate	起飞日期(日期)	int64
flightNum	航班号	object
flightTime	起飞时间	int64
income	收入	float64
passengerNum	乘客数	float64
saleDiscount	折扣	float64
seatLeft	剩余座位	float64
seatMeterSell	座公里	float64
tktNum	销售数/出票数	float64
CAP	运力	int64
RASK	座公里收入	float64
mileage	里程	float64
RRPK	客公里收入	float64
PLF	客座率	float64

注:数据类型中,object 代表对象,int64 代表整数型,float64 代表浮点数型;对于各字段名称与意义,统一展示于此表中,下文不再做单独说明。

6.1.3 相关分析与指标关系描述

对数值型变量做相关分析,并以可视化的相关图展示结果,寻找各变量之间的关系。如图 6-1-1,图 6-1-2 所示,横纵分别排列待分析的指标,横纵两向共同决定一个色块,代表这两个指标之间的相关程度;从蓝色到红色表示了相关系数在[-1.0,1.0]之间变动,从而描述各指标之间的相关性与方向。

通过相关图可知,客公里、座公里与里程,乘客数与客座率具有最强的正相关性,这是由其计算关系决定的,不具有分析价值,类似的关系还可见运力与乘客数等。折扣与里程、座公里、客公里等指标显著负相关,代表所分析航班中,短程航班(航线)平均折扣力度和范围更大。折扣同时会带来收入的正向反应,即所分析航班(航线)中,高折扣航班平均具有较高的票务收入,但折扣对客座率的影响基本可以忽略,可知折扣并未显著提升客座率,也并非通过提升客座率来提升票务收入,从而成为收入较高的原因,而仅说明有大量航班的折扣偏高。折扣同时也与平均收入显著呈负相关性。

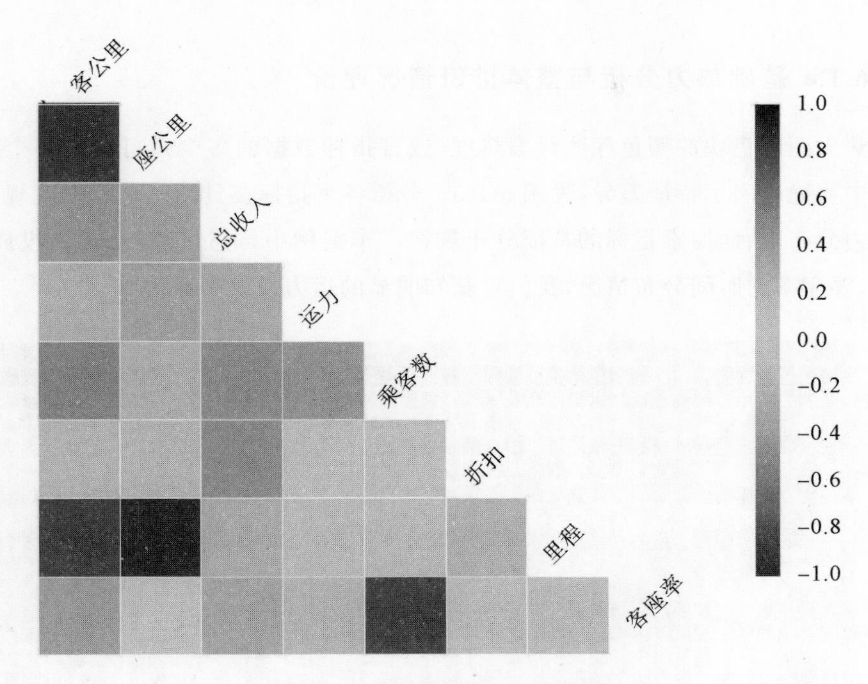

图 6-1-1　相关图(收入为总收入)

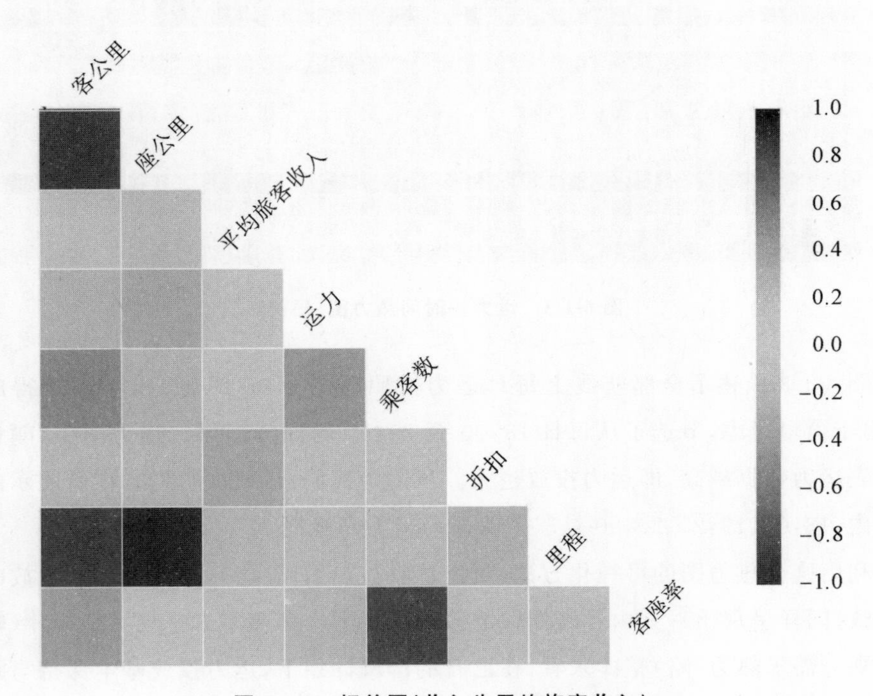

图 6-1-2　相关图(收入为平均旅客收入)

6.1.4 基础热力分析与整体排班情况评价

热力图以色块的颜色深浅代表热度(或言指标数据的多少),可以在一个二维图形中明确地表示特征差异,见图 6-1-3。分析各个指标在日期—时间维度规划下的热力分布,从而探索指标的特征分布规律。本案例中,通过分析总运力投放、总收入、客座率的时间分布情况,我们可获知明显的运力投放高峰。

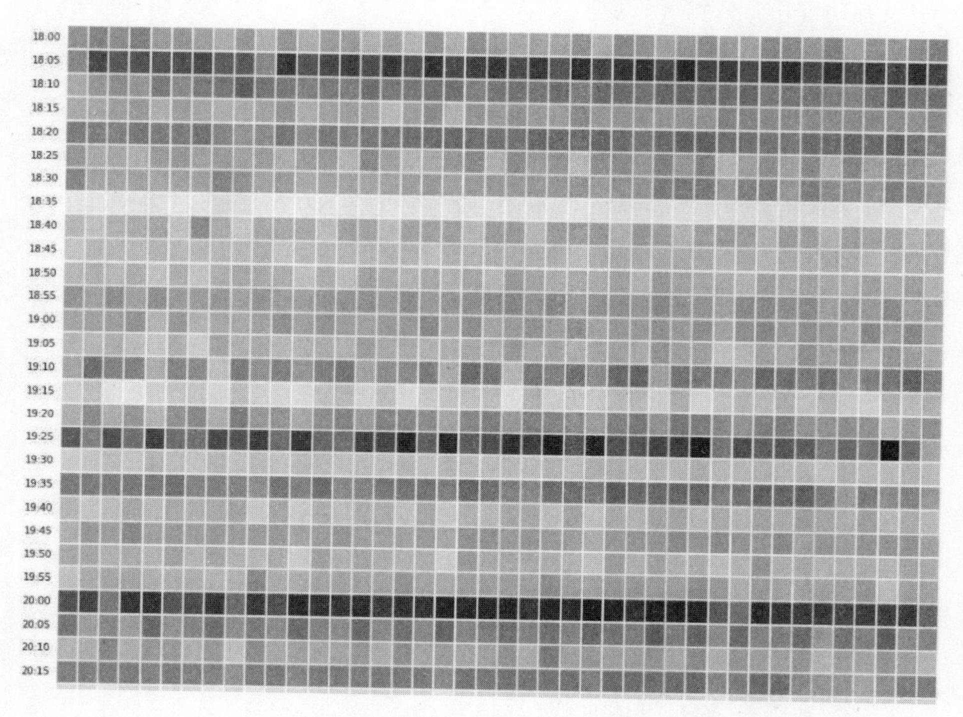

图 6-1-3 运力—时间热力图(局部)

图 6-1-3 描述了全部航线上每日运力按照时间分布(纵轴)求平均所得的结果,出于篇幅考虑,节选了从每日 18:00 至 20:15 的局部图形。热力图中,颜色越深代表运力数据越高,即运力投放越大。从图中我们可以快速得知,在所展示的时间段内,18:05、19:25、20:00 是三个明显的运力高峰期。

利用这个热力图的可视化方法,对比总收益热力图(略),知其与运力投放的方向一致,同样呈现出一天内各时间段的若干高峰期。客座率未呈现类似规律(略)。对比乘客需求热力(略)整体来看,在已有的排班计划下,运力投放基本保持与乘客需求在时段上一致,没有出现明显的不匹配现象(客座率在不同时段内出现波动,且与运力高峰错峰)。这样的可视化分析手段,可以用于实时分析,快捷高效地捕捉运力与实际需求不匹配的时间区间。

6.1.5 按照航线做聚类分析(航线评级、高质量航线发现)

从已有数据和业务理解角度,建立航线质量的高低评价标准是一个长期过程,但质量指标基本涉及客公里、座公里、客公里收入、座公里收入、收入、平均收入、里程数、折扣、客座率等各项要素。剔除其中有直接计算关系或完全线性相关的变量,可对航班做聚类分析。

聚类的目的,第一是对纷繁的航线按照特征做划分,为后续研究创造数据环境;第二是发现其中的规律;第三,若聚类质量较高,得到的结果可以直接作为航线的分类结论。

使用的聚类方法是 K-Means 聚类算法,选取客公里、座公里、平均收入、运力、乘客数、折扣、里程、客座率等关键指标为聚类特征。为得到以航线为身份标识的不同类别,具体操作时,按照航线对数据做聚合(对处于同一航线上不同日期、不同航班的相关数据求均值),再做归一化处理去除量纲影响,对高维数据使用主成分分析降维为二维变量,再做聚类。

(1)基本类别数目

如图 6-1-4 所示,横纵轴为八个原变量经主成分降维成的两个成分变量。黑、灰、白灰三色为所分的三个类别,经多次实验,分三类效果最佳,可知航线将被分为三个各具特点的类别。

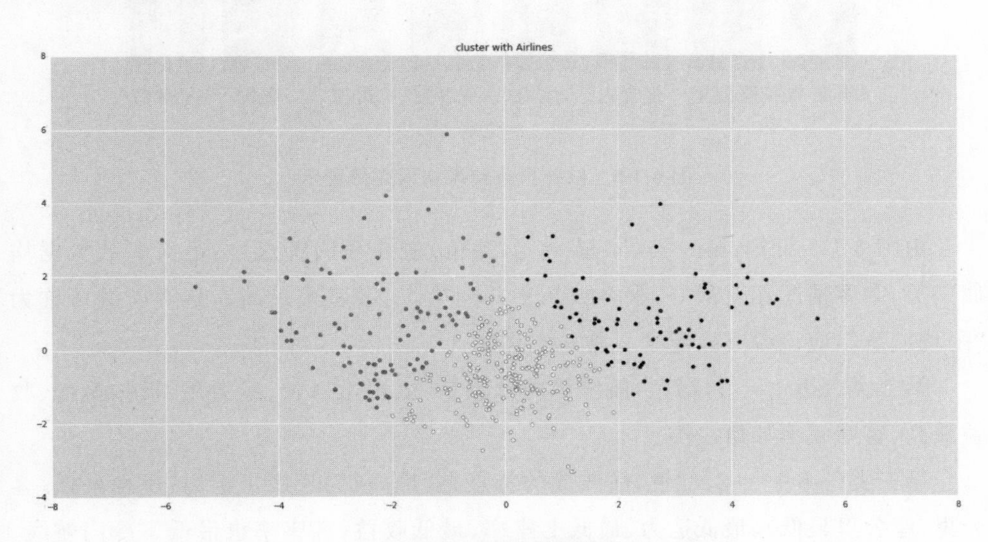

图 6-1-4 基本类别数目

(2)航班簇特征简介

航班被聚为三个“航班簇”,图 6-1-5 是对三个类别八个变量特点的还原展示。由于量纲不同,分析使用归一化之后的数据,为了展示时避免负数,对数据做了向上平移。

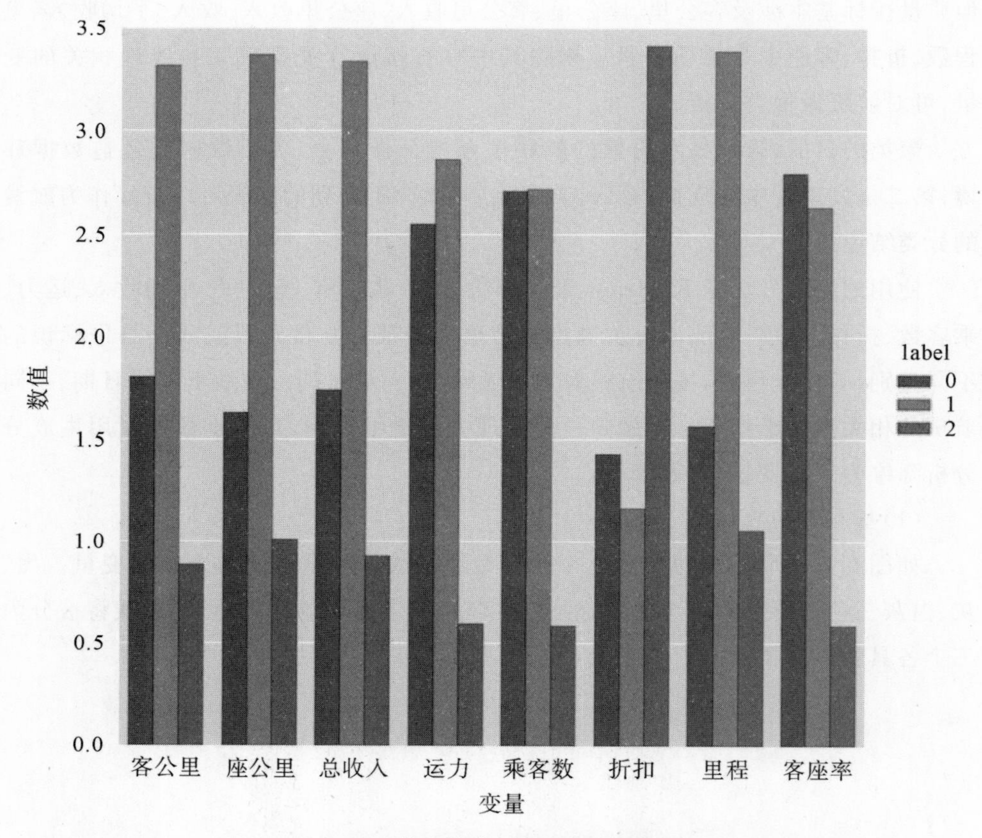

图 6-1-5 航班聚类结果按照变量展示

由图 6-1-5 可知,第一类(label = 0,蓝色)航线簇的特点是:绝大多数数据均属中等,乘客情况相对最好(乘客数几乎并列第二,客座率最高),这类航线可称为“平均航班”,应该说支撑起了日常航空需求。

第二类(label = 1,绿色)航线簇的特点是:里程指标长、运力足、折扣最低、收益最高、客座率不如第一类。

第三类(label = 2,红色)航线簇的特点是:最高折扣、最短距离(里程最低,客公里、座公里最低)、最低运力、最低上座率、最低收益,客座率也最低。冷门航线,且各项指标看似不是很“健康”。

(3)代表性航班展示

为满足数据保密性需求，仅举例说明类别中包含的航班。

第一类(大众型、日常型)：广州—青岛、郑州—重庆、厦门—武汉、厦门—南京、厦门—北京等。

第二类(平均里程长、各项指标平均较高)：广州—烟台、长春—厦门、海口—烟台、合肥—南京等。

第三类(短途、高折扣、低上座率、低收益)：包头—青岛、广州—厦门、银川—济南、呼和浩特—天津、武夷山—厦门等。

可以使用图 6-1-6 更为直观地展示几类航线指标特点的分布，看到各航班簇在不同指标上的差异。

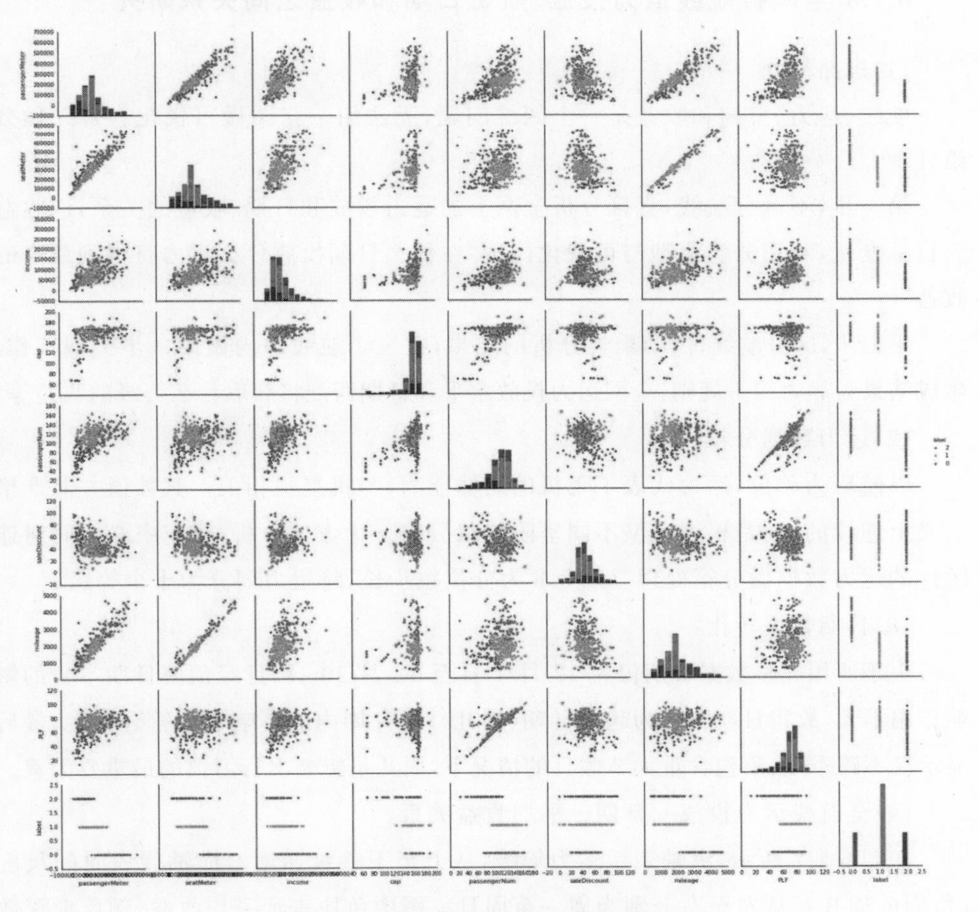

图 6-1-6　航班类别—变量分布图

图 6-1-6 中，右下角反映了三种航线的数量分布情况，其中大众型航线有 242

条，其余两类各 98 条；最右和最下方栏目中分别表示了不同类别在具体指标上的数量差异，而图中的其余部分则体现不同类别在两两分组的指标上具有怎样的分布特征。

结合业务知识，一些因素可能会影响航线各项指标的表现，如：

• 首发终点站的机场等级、客流。

• 是否受到其他运输方式影响，如其他短途交通方式。

• 第三类航线是分析的重点，因为改进空间大，折扣最高，但客座率和总收益最低，那么是否可以再降低排班频率？（提升客座率、降低运力、降低运输成本、提升平均收益。）

6.1.6 全网各航线运力投放、航班日期和收益之间关系研究

(1)思路简介

航线、运力、日期和收益是一个四维问题，无法用一张图做可视化。首先做分组处理：

第一步，不区分航线，直接分析全网上的运力投放和日期、收益的关系，以收益为目标变量，利用分类模型与可视化体现“在什么日期投放什么运力将得到最高的收益”。

第二步，区分航线，借助聚类分析的结果，在三个航线组内做第一步类似工作。生成结果为热力图＋规则：全网运力投放水平和日期匹配将获取什么等级的收益等。

(2)运力数据分箱

以航班为单位，运力代表了飞机的运输能力，与机型强相关。其数值并非严格意义上连续的，而是根据机型不同呈阶梯状分布。为方便分析，研究中必要时对连续性的运力数据做分箱处理。以 0.1 为分位数步长，将运力划分为十个等级。

(3)日期数据转化

由于所用完整数据日期仅为 12 月 1 日至 12 月 10 日，且经预演日期本身的影响作用不大，故将日期处理为起飞日期(周几)，研究周内的影响也更符合直觉，最后显示在不跨季度、不包含重大节假日的情况下，周几是影响出行习惯的最重要因素。

(4)全航线运力投放—日期—平均收益关系

如图 6-1-7 所示，纵轴表示运力等级，从上至下逐级递增。横轴代表时间尺度(每周的周几)，从左至右分别为周一至周日。图中色块表示平均收益，颜色愈深数值越高，总结全航线的特征如下：

• 运力投放与收益并非具有线性关系，过低的运力投放(位于第三等级之下)

必然会带来低的平均收益，但并非运力投放越高收益越高，平均收益最高的组为运力等级五组。运力等级八组与九组同运力等级四组的平均收益十分接近。

· 运力投放呈现一定的弱周期性，高峰为周三、周五、周天。

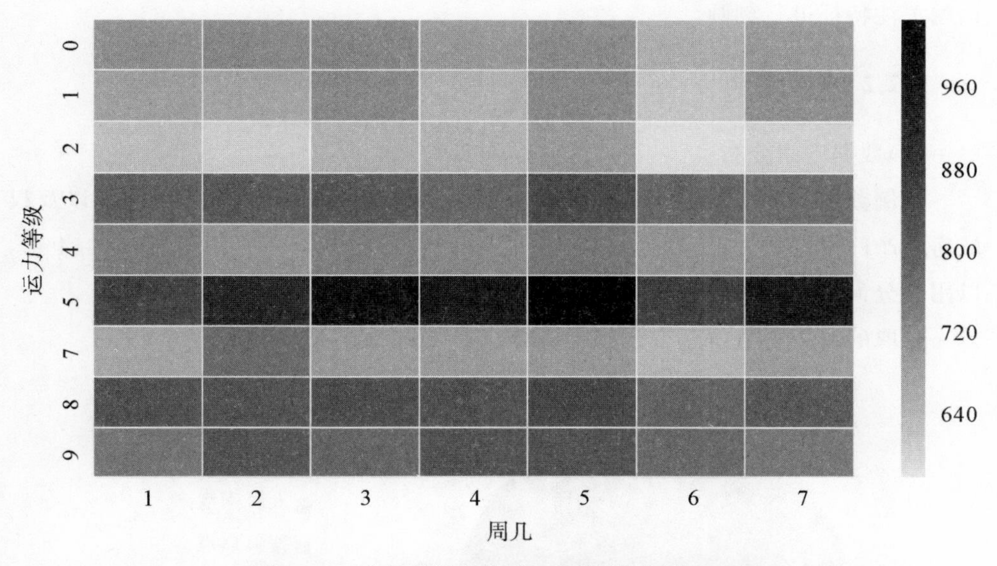

图 6-1-7　全航线运力投放一日期(周几)热力图

6.2 网络舆情分析——2015 年第一季度中国房地产

6.2.1 案例背景

所谓舆情，是指在一定的社会空间内，围绕社会事件的发生、发展和变化，作为主体的民众对作为客体的社会管理者及其政治取向产生和持有的社会政治态度。它是群众关于社会中各种现象、问题所表达的信念、态度、意见和情绪等等表现的总和。随着社会科技的进步与互联网的广泛应用，网络工具正逐步成为民众舆情传播与获取的关键手段之一，网络舆情已经成为社会民众舆情的主要组成部分。

2015 年，中国经济增长进入“新常态”，而我国房地产市场也将迎来新的机遇与挑战。如何保持房地产市场平稳发展，稳定住房消费，为整体经济实现保增长目标提供保障，不仅是执政者所关心的政策目标，同样也受到了网络媒体与普通民众的广泛关注。

本案例围绕“中国房产”展开网络舆情分析，分析区间为2015年第一季度。从当期受民众关注较高的八个房地产热点话题出发，着重描绘2015年第一季度相关房产舆情话题间的热度差异、内容特征以及倾向趋势，从而对该季度民众的房产话题关注特征进行刻画。

6.2.2 数据说明

(1)数据空间分布

案例数据全部来源于网络，面向8家全国性大型门户网站的房产频道以及权威房地产门户网站进行舆情信息获取，共获得住房相关网络舆情信息40 454条，以用于分词、相关话题删选与统计词频描述。

获取的网络舆情信息来源分布，如图6-2-1所示。

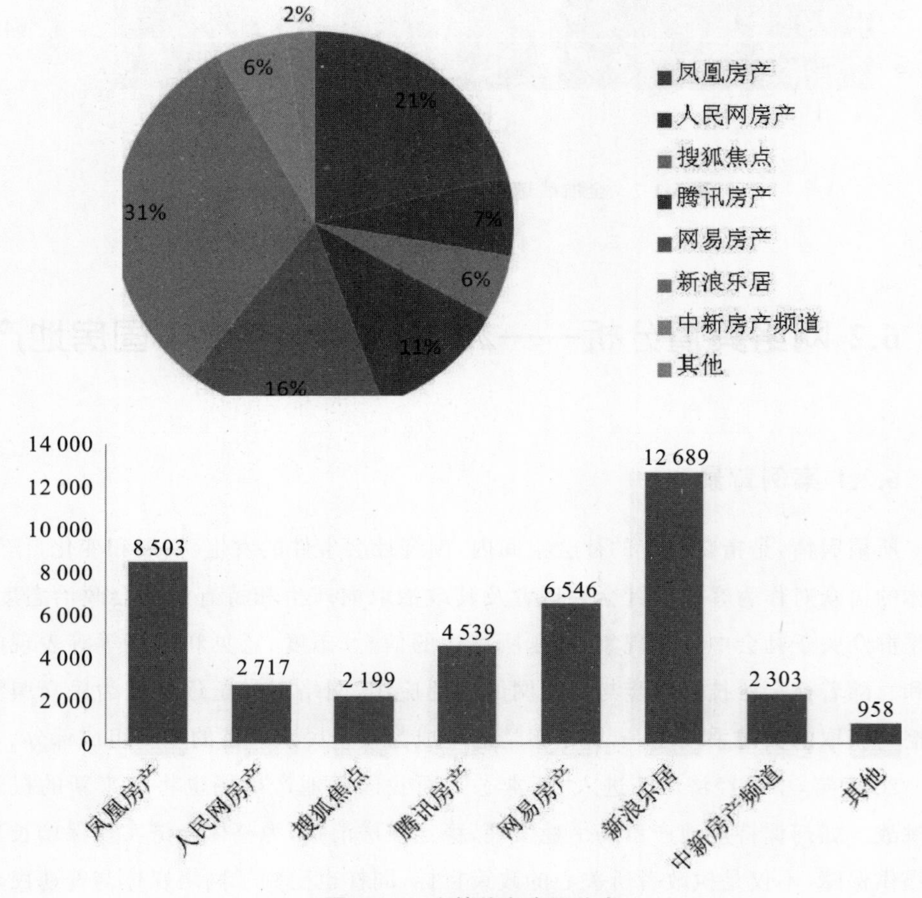

图6-2-1　舆情信息来源分布

(2)数据时间分布

通过网络爬虫手段获取的我国房地产相关网络舆情信息全部分布于 2015 年 1 月至 2015 年 3 月,共计 3 个月份。分布于 1、2、3 月份的舆情信息的占比分别为 25.74%、25.36%、48.90%,一定程度上能有效反映 2015 年第一季度全国民众对我国房产话题的关注特征。获取的网络舆情信息的时间分布,如图 6-2-2 所示。

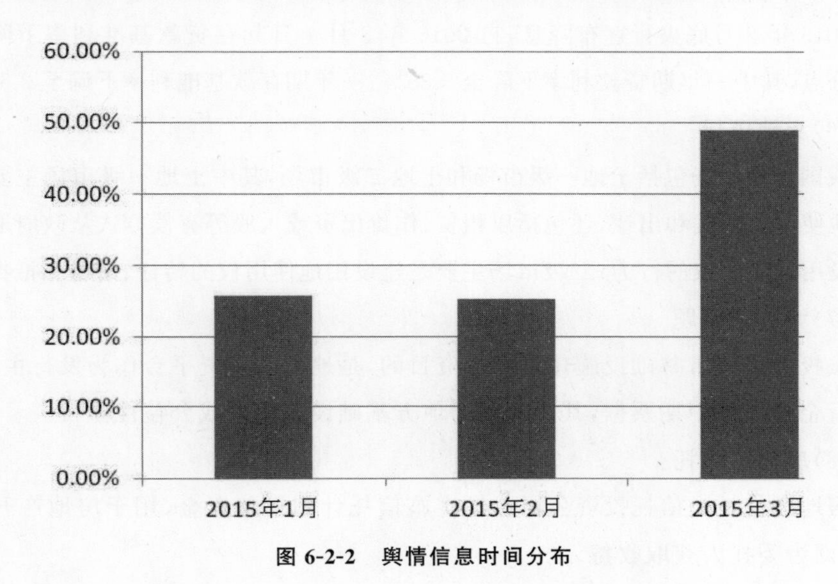

图 6-2-2　舆情信息时间分布

6.2.3 舆情热点话题综述及统计

基于中国房地产市场的发展实际与网络舆情分析的相关需要,案例分析围绕“中国房产”的主题拟定了以下 8 个 2015 年第一季度民众普遍关注的房产话题作为目标热点话题:

(1)公积金政策

住房公积金是指机关单位、企业及其在职职工缴存的长期住房储金,用于职工购买、建造、翻建、大修以及装修自住住房。

(2)税收优惠

二手房交易税费是指在二手房交易中,税务部门向卖方征收交易所产生的差价获得的收入。

(3)房地产资金流向金融市场

房地产企业资金流向金融市场有三种途径,第一种是入股银行、保险等金融机构,第二种是通过资产与物业管理获取服务收益,第三种是通过入股优质地产公司或项目以获得股权收益。

(4)开发商资金链

房地产企业资金链是从项目融资开始,经过项目开发及交付使用,再到销售回款,然后支付外部融资成本的一个循环反复的过程。

(5)降息

2015年2月底央行宣布降息,自2015年3月1日起存贷款基准利率下降0.25个百分点,其中一年期贷款利率下降至5.35%;一年期存款基准利率下调至2.5%。

(6)土地市场

我国土地市场包括土地一级市场和土地二级市场,其中土地一级市场主要是建设用地使用权划拨和出让,还包括以租赁、作价出资或入股等有偿方式从政府取得国有建设用地使用权的行为;二级市场主要是建设用地使用权的转让、出租和抵押。

(7)城投债问题

城投债以城市基础设施建设为投资目的,是地方投融资平台作为发行主体,公开发行企业债和中期票据,其主业多为地方基础设施建设或公益性项目。

(8)房地产信托

房地产信托是信托投资公司通过实施信托计划筹集资金,用于房地产开发项目,从而为委托人获取收益。

6.2.4 话题筛选及分布统计

为了有效获取目标热点话题的网络舆情信息,本案例根据8个话题出现的多种可能情况以及关键词组使用习惯,设置表6-2-1所示的话题筛选及分类规则。

表6-2-1　热点话题筛选及分类规则

热点话题	筛选及分类规则
公积金政策	所有含关键词“公积金”且包含关键词“贷款”的舆情信息
税收优惠	所有含关键词“税收、契税、税”中的任意一个词,且含关键词“优惠、减免、下调、调整”中的任意一个词的舆情信息
房地产资金流向金融市场	所有含关键词“资金”且含有关键词“股市、股票市场、金融市场”中的任意一个词的舆情信息
开发商资金链	所有含关键词“开发商”且含有关键词“资金链”的舆情信息
降息	所有含关键词“降息、利率”中的任意一词的舆情信息
土地市场	所有含关键词“土地市场、地价、土地价格”中的任意一个词的舆情信息+所有含关键词“土地”且含有关键词“流拍、溢价”中的任意一个词的舆情信息

续表

热点话题	筛选及分类规则
城投债问题	所有含关键词“城投债、准市政债、地方债”中的任意一个词的舆情信息
房地产信托	所有含关键词“信托”的舆情信息

经过筛选分类,原先通过抓取单个关键词获得的 40 454 条舆情信息精简为 11 739 条,话题分布如图 6-2-3 所示。其中,“降息”“公积金政策”“土地市场”“税收优惠”所受关注程度名列前四,成为第一季度居民较为关注的热点房产话题。

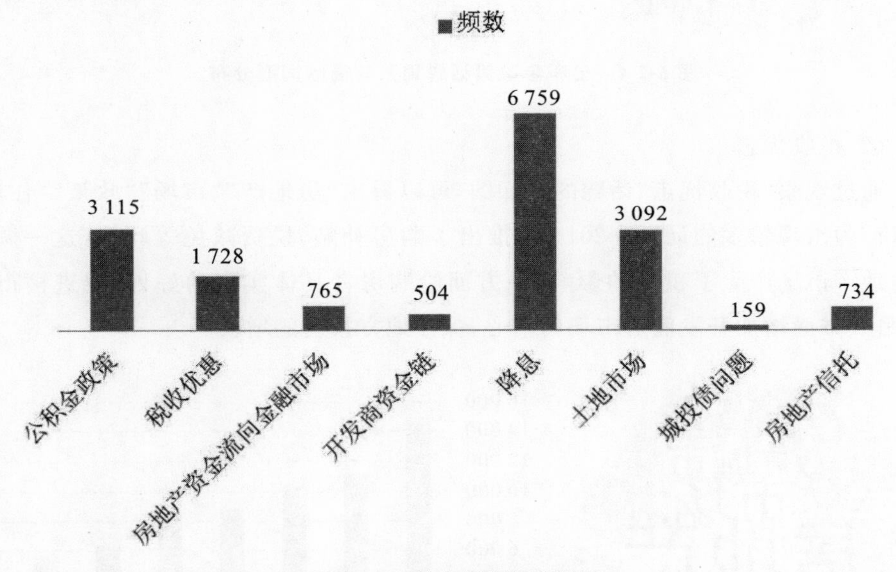

图 6-2-3　热点话题词频总计

6.2.5 舆情话题分词特征分析

中文分词是文本挖掘技术的基础,通过对网络舆情内容进行中文分词,我们可以更深入地了解网络舆情中包含的信息。本案例对已获取的房地产网络舆情按话题进行分类分词,从而绘制各个话题对应的词云,并针对词云所表现的情况进行简单的剖析。

(1)公积金政策

通过观察“公积金政策”话题的词云图,可以看出“公积金”“住房”“贷款”“政策”“市场”“房地产”“城市”为出现较多的词汇。各个城市住房公积金政策存在一定的差异性,政策的更新常涉及住房公积金贷款额度上限、首付比例、二手房贷款

年限等的调整。

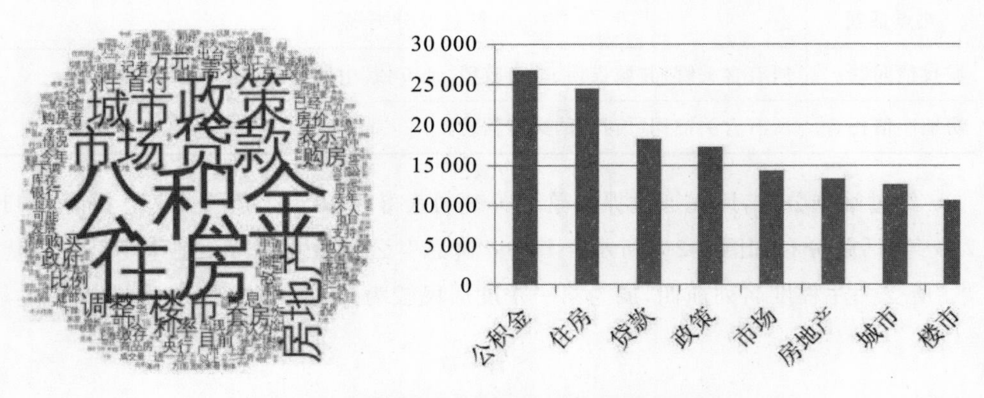

图 6-2-4　公积金政策话题词云与高频词汇分布

(2)税收优惠

通过观察“税收优惠”话题的词云图,可以看出“房地产”“市场”“政策”“住房”“城市”为出现较多的词汇。2014 年推出了购房补贴、税费减免等政策,这一调整对房地产市场产生了积极的影响,一方面给购房者具体实惠的好处,促进楼市成交,另一方面增加开发商对市场的信心,保证地方投资的增长。

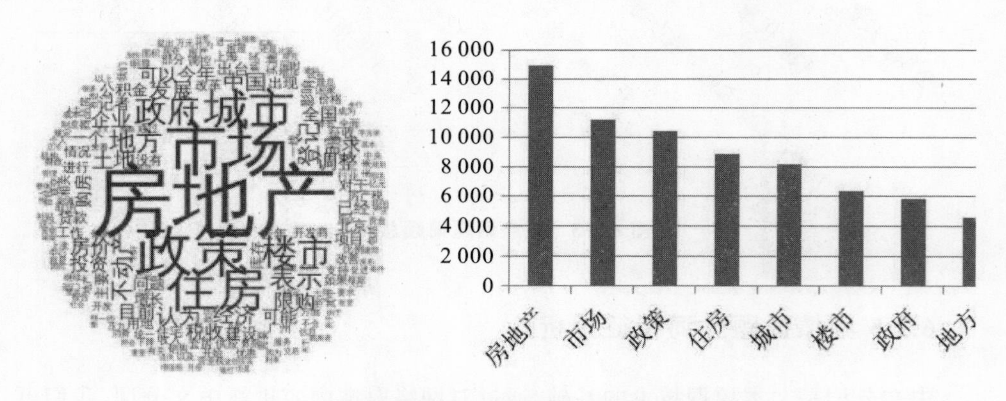

图 6-2-5　税收优惠话题词云与高频词汇分布

(3)房地产资金流向金融市场

通过观察“房地产资金流向金融市场”话题的词云图,可以看出“房地产”“市场”“降息”“经济”“楼市”“投资”为出现较多的词汇。2015 年初楼市投资回报率相比前期有所降低,金融市场逐渐完善,投资渠道更加多元化,除了股票,债券、信托、基金等也越来越被投资者关注,不少房地产观望资金流向回报率更高的金融市场。

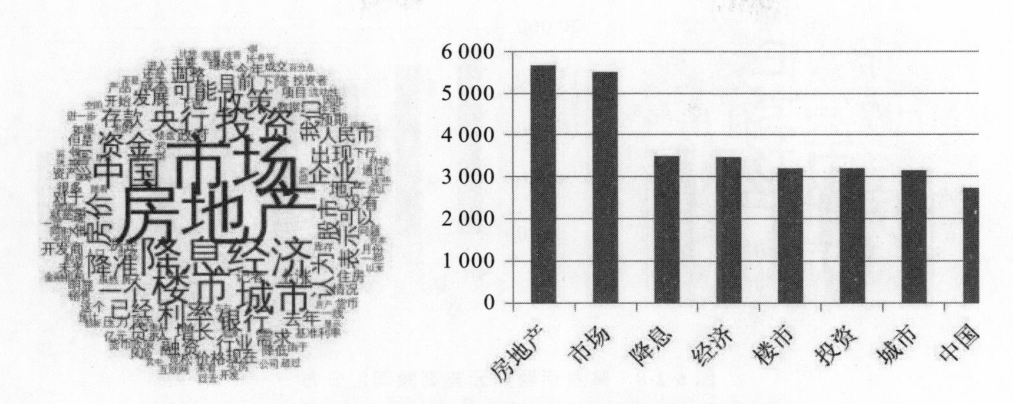

图 6-2-6　房地产资金流向金融市场话题词云与高频词汇分布

(4) 开发商资金链

通过观察“开发商资金链”话题的词云图，可以看出“房地产”“市场”“城市”“楼市”“房企”“项目”“企业”为出现较多的词汇。作为一个对资金流动性极为敏感的行业，房地产的荣衰与信贷政策紧密相关。

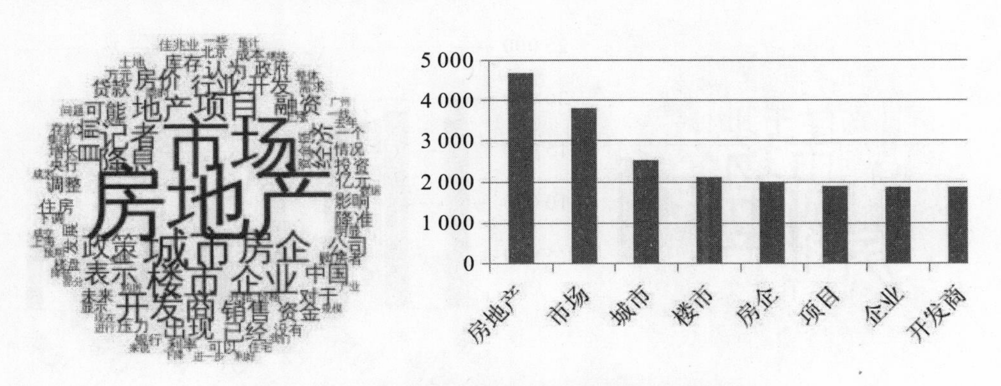

图 6-2-7　开发商资金链话题词云与高频词汇分布

(5) 降息

通过观察“降息”话题的词云图，可看出“市场”“房地产”“城市”“政策”“楼市”“住房”“贷款”为出现较多的词汇。降息与房地产市场紧密相连，降息的主要目的在于缓解融资成本压力和应对通缩风险，促进经济平稳增长。降息也将意味着降息通道的打开，会改善市场预期，刺激商品房供需的增加，降低融资成本。

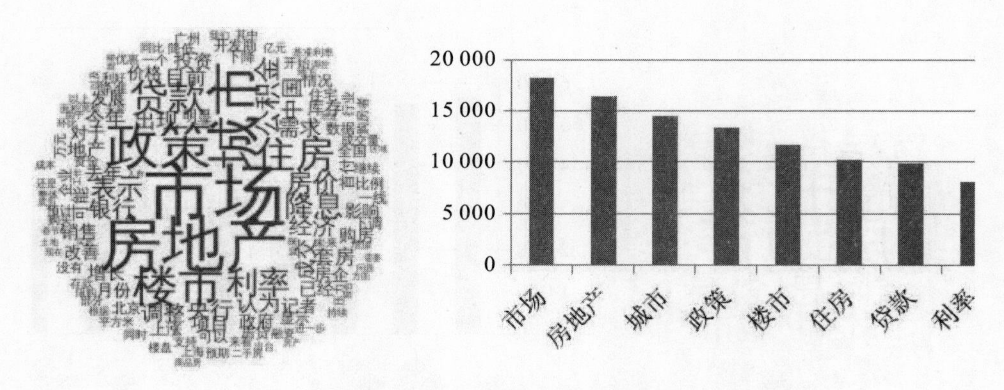

图 6-2-8　降息话题词云与高频词汇分布

(6)土地市场

通过观察“土地市场”话题的词云图,可以看出“城市”“房地产”“市场”“土地”“楼市”“项目”为出现较多的词汇。这说明土地市场交易情况与房地产市场息息相关,一季度土地供应的减少直接导致土地成交量的减少,尤其是一线城市土地供应环比大幅减少,而土地供应价格环比上升。

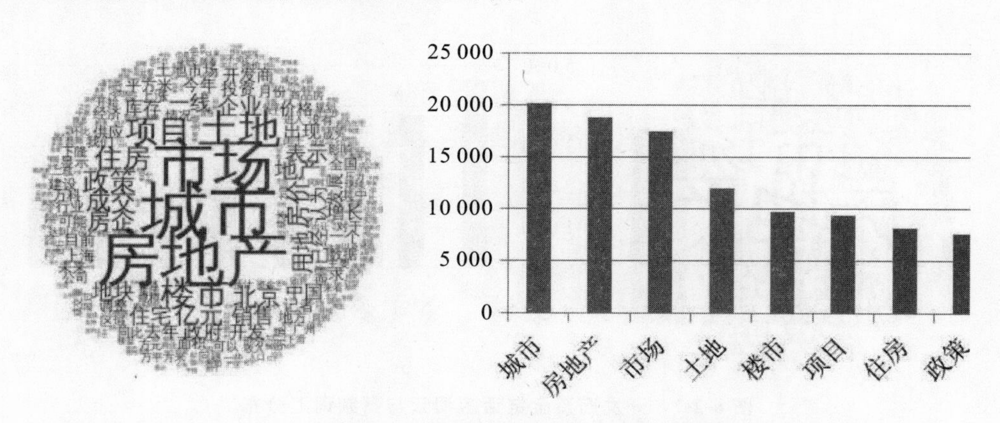

图 6-2-9　土地市场话题词云与高频词汇分布

(7)城投债问题

通过观察“城投债问题”话题的词云图,可看出“地方”“政府”“城市”“房地产”“市场”“土地”“经济”为出现较多的词汇。我国城投债大多由地方政府背书,主要依托企业债券市场,仍存在信用评级体系不完备以及担保增级方式存在缺陷等重要问题,值得关注。

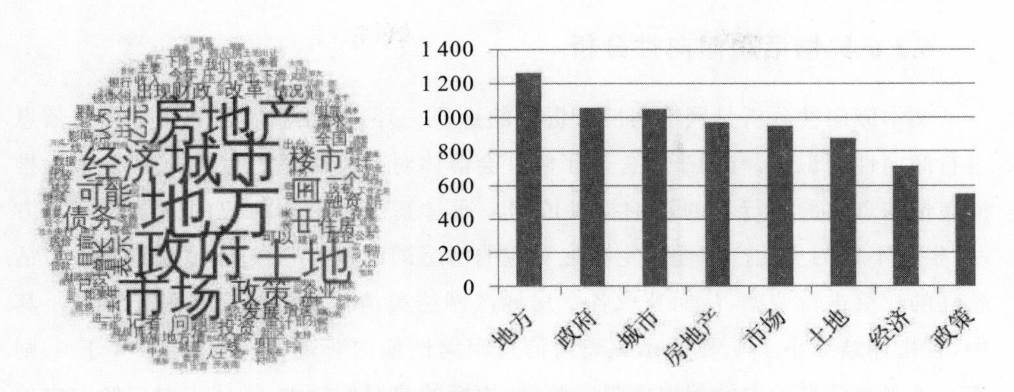

图 6-2-10　城投债问题话题词云与高频词汇分布

(8)房地产信托

通过观察"房地产信托"话题的词云图,可看出除在房地产大研究背景下出现的"房地产""市场"等通用高频词汇外,"项目""佳兆业""投资"也成为出现较多的词汇。这主要与 2014 年底发生的佳兆业债务危机事件息息相关。

2014 年 11 月下旬,佳兆业位于深圳的多项未售物业被深圳市规划和国土资源委员会锁定房源,而佳兆业董事会原主席郭英成也在 2014 年 12 月 10 日辞职,并触发一项融资违约条款,其债务危机由此引发。作为具备一定实力的大型房企,在此次危机爆发前,佳兆业一向是信托公司争抢的对象。而目前全国范围内,佳兆业项目共涉 10 余款尚未兑现的房地产信托产品,融资总额超过 100 亿元,由此也引爆房地产信托危机,信托违约风险越来越受到关注。词云图也很好地诠释了佳兆业事件在房地产信托业中造成的重大影响。

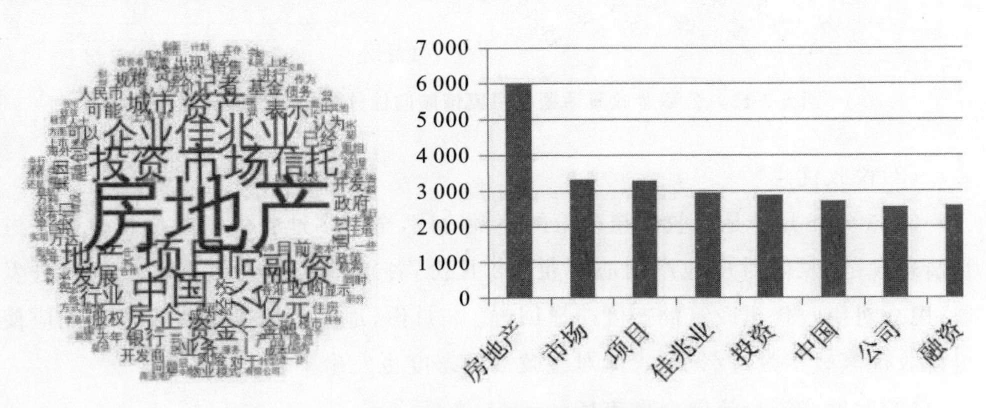

图 6-2-11　房地产信托话题词云与高频词汇分布

6.2.6 舆情话题倾向性分析

文本倾向性分析是网络舆情分析中的重要一环，对各个话题的网络舆情信息进行倾向性的识别，有助于更好地了解社会群体对有关话题的偏好程度，从而为推测舆情信息对群体行为的影响提供依据。通过基于情感词加权的倾向性识别方法，根据不同的房地产话题制定与之对应的情感词词库，并通过自适应调整法对情感词的权重进行调整，从而获取各个房地产网络舆情信息的倾向性量化指标。其中，若指标结果小于0，则表示该舆情信息倾向性偏向悲观；若指标结果大于0，则表示该舆情信息倾向性偏向乐观。此外，指标的绝对值越大，则代表对应倾向中的悲观或乐观程度越高。

(1)公积金政策

公积金政策在2015年以来一直表现为积极的态势。2015年1月份，住建部、财政部、央行三部门要求放松公积金提取政策。随着政策的逐步落实，民众对待公积金政策的态度持续高涨。

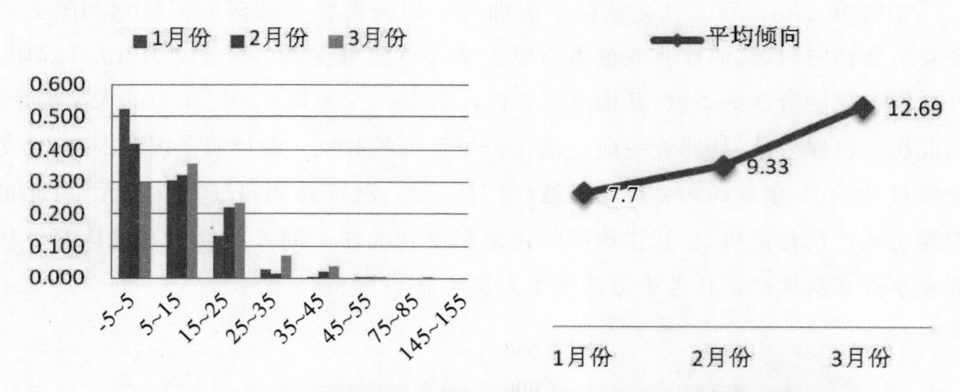

图 6-2-12 公积金政策话题各月舆情倾向性分布与平均倾向趋势

(2)税收优惠

2015年1月份是税收优惠政策的整顿阶段，全国多地暂停税收优惠政策并进行清理规范，媒体对房地产信心不足。2月份，各地推出税收优惠政策以促进发展，民众对税收优惠政策的态度略显回暖。3月份，地方政府的积极宣传和响应使得税收优惠政策效应彰显，媒体对该政策的态度也发生了较大的改变。

(3)房地产资金流向金融市场

2014年，一线城市交易量下降、价格上涨乏力，房地产作为投机对象收益率走低，大量资本从房地产市场转入金融市场。2015年年初，媒体对房地产市场的吸

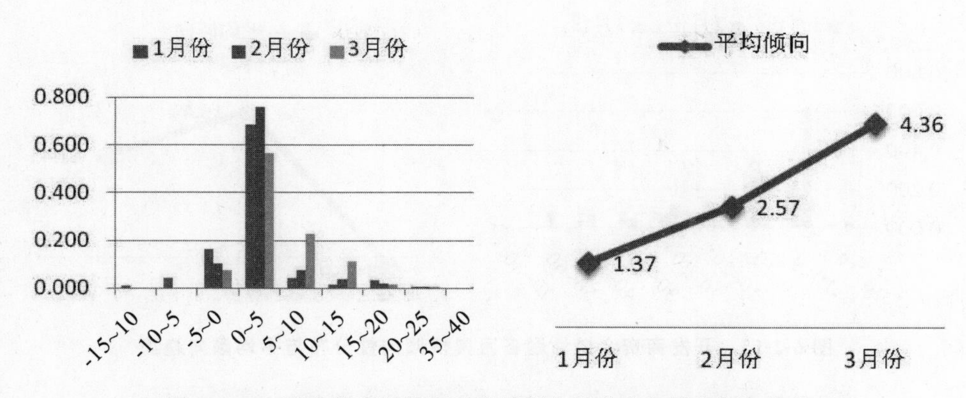

图 6-2-13　税收优惠话题各月舆情倾向性分布与平均倾向趋势

金能力持悲观态度。2 月份，央行降息的政策刺激了房地产行业，使得房地产市场回暖，民众的态度也逐渐乐观。3 月份，房产新政的出台成为房地产业发展的重大利好，民众的态度更加乐观，与 1 月份相比发生较大转变。

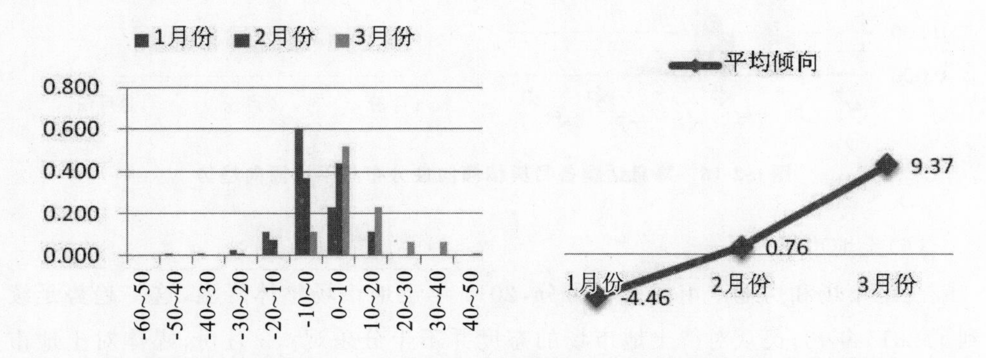

图 6-2-14　房地产资金流向金融市场话题各月舆情倾向性分布与平均倾向趋势

(4)开发商资金链

由于 2014 年房地产市场的低迷，行业利润持续下滑，开发商承受较大的资金风险。承接 2014 年房地产市场的疲软状态，2015 年 1 月份媒体对开发商的态度并不乐观。2 月份，随着房地产市场的回暖，开发商资金回笼压力减小。3 月份，央行下调存贷款基准利率进一步减小了开发商的资金压力，使媒体持续了较强的乐观倾向。

(5)降息

在 2014 年央行降低基准利率后，民众普遍相信 2015 年央行或再降息以带暖中国楼市，因此民众对降息政策的态度是积极的。2015 年 2、3 月份，央行接连宣布实施降息，显著利好房地产行业，进一步增强了民众的信心，这两个阶段民众对待降息的态度更加趋向于乐观积极。

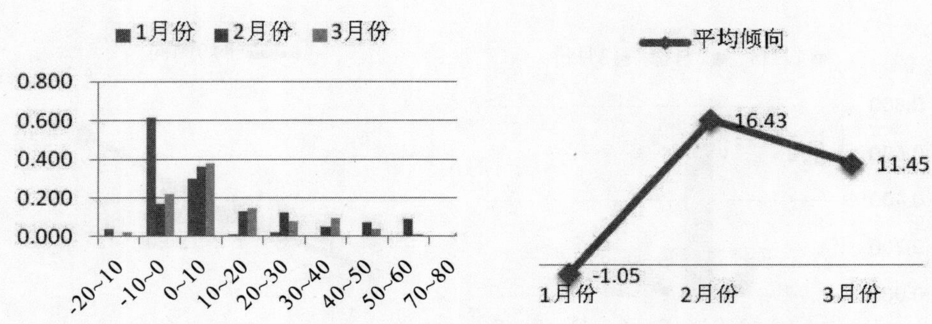

图 6-2-15 开发商资金链话题各月舆情倾向性分布与平均倾向趋势

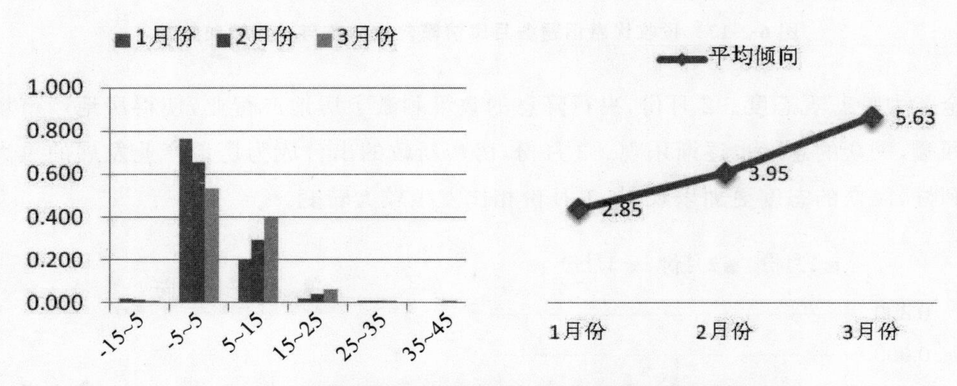

图 6-2-16 降息话题各月舆情倾向性分布与平均倾向趋势

(6)土地市场

土地市场和房地产市场密不可分,2014 年土地市场整体降温,这一趋势延续到了 2015 年初,民众对待土地市场的态度并不十分乐观。2 月份,媒体对土地市场评价的负面倾向性加剧。3 月份,新政策出台对房地产市场的振兴使得土地市场也趋向回暖,同时使民众对待土地市场的态度好转。

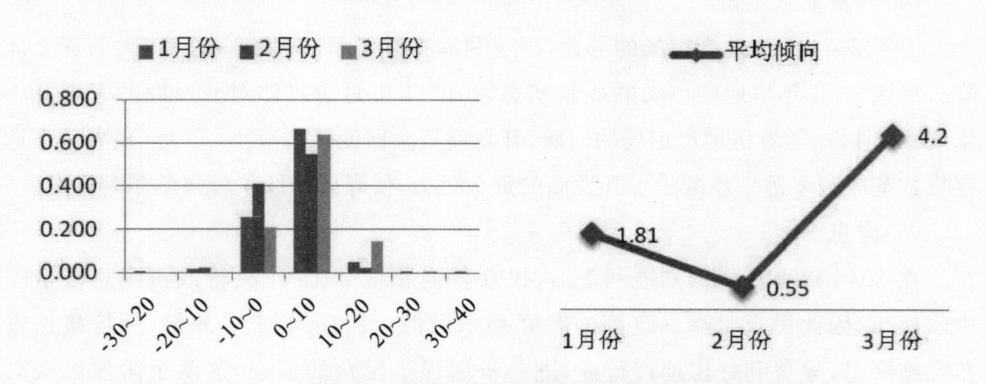

图 6-2-17 土地市场话题各月舆情倾向性分布与平均倾向趋势

(7)城投债问题

与其他话题相比,城投债问题是第一季度唯一没有得到改善的话题。2015 年第一季度城投债问题的月平均倾向程度持续走低。随着我国社会建设与发展的推进,省、市、县、乡镇各级政府均不断推出不同形式的举债行为,且规模持续加速上升,地方政府的负债压力也随之增大,以致对地方经济的发展产生了制约。由于财政部明确表示 2015 年将是允许城投债发行的最后一年,而各级地方政府也逐步做好了与城投债"说再见"的准备,因而民众对该话题的倾向程度走低具有一定合理性。

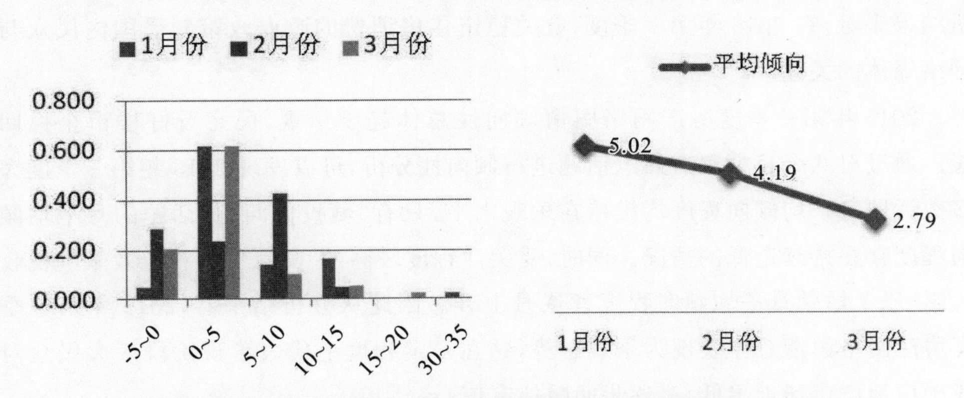

图 6-2-18　城投债问题话题各月舆情倾向性分布与平均倾向趋势

(8)房地产信托

2015 年房地产信托迎来了新的兑付高峰,1 月份成立的信托规模同比降低八成,加之频繁爆出的房企风波,使得大众对待信托的态度不是很乐观。信托公司募集资金的能力有所减缓,再加上信托兑付高峰的逐步来临,2 月份人们对待信托的态度持续走低。3 月份,虽然信托的各种危机仍然存在,但房地产市场迎来了强刺激,大众对待信托的态度稍显回暖。

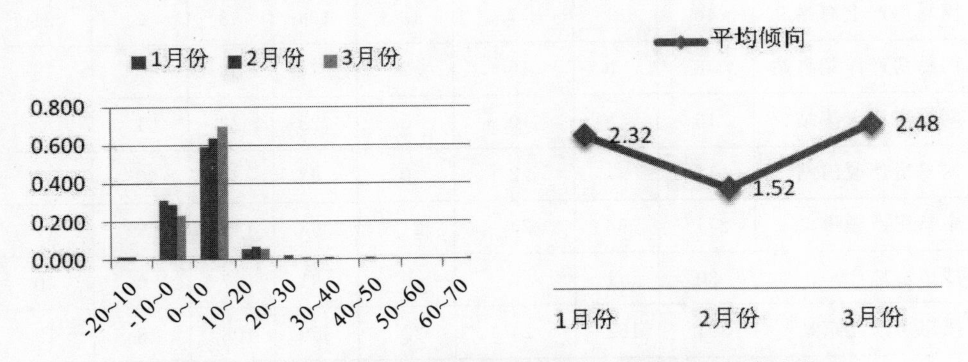

图 6-2-19　房地产信托话题各月舆情倾向性分布与平均倾向趋势

6.2.7 结论

降息话题成为2015年第一季度房产网络舆情关注焦点，相关政策改革颇受关注。自2014年11月22日以来，央行已实行两度降息，一次降准。对购房者来说，降息意味着贷款利息直接减少，明显的影响则是购房成本的下降。通过热点话题频数统计，发现“降息”这一话题所受的关注度最高，同时“公积金政策”“税收优惠”这两个与政府政策改革相关的房产话题也受到了民众相对较多的关注。因此从分析结果来看，在2015年第一季度，有关稳定住房消费的政府政策颇受国内民众与网络媒体的关注。

2015年第一季度房产网络舆情倾向性总体趋于乐观，民意看好楼市企稳回暖。通过对八个目标房产热点话题进行倾向性分析，可以发现2015年第一季度大多数话题月平均倾向程度均维持在乐观水平，只有“城投债问题”话题的月平均倾向程度存在持续走低的情况。同时，受关注程度较高的“降息”“公积金政策”“税收优惠”三个话题月平均倾向程度皆逐月上升。因此从分析结果看，2015年第一季度房产网络舆情总体表现为乐观态势，这在一定程度上代表了现阶段广大民众对我国房地产市场走出低谷、逐步回暖持有信心。

表6-2-2 热点话题词频分布表

话题 站点名称	公积金政策	税收优惠	房地产资金流向金融市场	开发商资金链	降息	土地市场	城投债问题	房地产信托
网易房产北京站	78	33	7	8	157	73	2	11
网易房产重庆站	80	60	24	17	213	91	4	31
网易房产广州站	86	33	24	9	191	90	5	12
网易房产上海站	40	21	7	13	104	68	2	21
网易房产深莞惠站	8	3	16	2	71	53	2	15
网易房产天津站	16	8	0	3	28	22	1	2
网易房产厦门站	18	4	2	0	63	37	0	1
中新房产频道	221	66	24	21	368	143	3	17
搜房房地产	30	1	0	0	31	27	0	0
凤凰房产北京站	301	162	24	22	366	108	8	19
凤凰房产重庆站	131	70	28	22	245	96	6	21

续表

站点名称＼话题	公积金政策	税收优惠	房地产资金流向金融市场	开发商资金链	降息	土地市场	城投债问题	房地产信托
凤凰房产广州站	148	79	37	25	295	112	3	25
凤凰房产上海站	58	38	19	10	104	39	0	13
凤凰房产深圳站	72	39	15	11	145	57	2	14
凤凰房产天津站	229	106	32	18	415	119	9	33
人民网房产	167	64	26	22	311	165	4	35
腾讯房产重庆站	40	19	11	2	83	19	0	2
腾讯房产上海站	75	47	24	21	236	133	4	38
腾讯房产深圳站	93	32	19	11	247	93	3	29
腾讯房产天津站	72	45	28	19	212	86	5	19
腾讯房产厦门站	37	15	9	1	89	37	2	3
新浪乐居北京站	171	101	47	35	356	266	21	77
新浪乐居重庆站	130	85	49	30	315	152	7	49
新浪乐居广州站	228	192	93	36	489	205	16	56
新浪乐居上海站	98	73	39	38	324	197	14	54
新浪乐居深圳站	83	57	41	22	278	142	13	43
新浪乐居天津站	121	75	41	20	340	161	10	44
新浪乐居厦门站	92	89	31	24	237	119	6	19
搜狐焦点重庆站	37	17	7	7	83	25	1	3
搜狐焦点上海站	76	36	9	15	125	48	2	7
搜狐焦点深圳站	25	13	13	4	78	31	1	6
搜狐焦点天津站	43	39	15	14	126	60	3	11
搜狐焦点厦门站	8	2	3	2	24	14	0	2
澎湃新闻地产界	3	4	1	0	10	4	0	2

6.3 基于数据挖掘的保险客户风险—贡献评级管理

6.3.1 案例背景

保险业以多样化风险为经营对象，保险公司的成本与收益主要源于理赔支出与保费收入，其中，保险客户风险—贡献分析是保险公司成本—收益管理的重要部分。保险公司通常希望按照客户风险与贡献特征对保险客户评级管理，但是由于信息不对称、不完全以及保护客户隐私的要求，实践中无法直接向客户索取具有显著指向性的评级指标。

数据挖掘技术在风险甄别尤其是高风险客户甄别领域应用广泛。数据挖掘方法可以从保险客户愿意透露的变量入手，从保单及事后理赔等海量文本信息中发掘客户身份标识特征，客观分析客户潜在的风险与贡献水平，实现客户细分，最终针对不同群体采取针对性的商业策略，实现保险公司风险控制及利润最大化要求，优化保险决策者地位。

6.3.2 数据说明

(1)数据来源

原始数据来自台湾某知名保险公司，共 65 535 例样本，29 个字段，包含标志、有序集、范围、集四种变量类型。数据内容为该公司承接伤害险与健康险两个险种的所有在案客户资料，范围覆盖台北、台中、台南、新竹、高雄等台湾大部分地区，时间跨度为 21 年。台湾辅仁大学统计资讯学系对本数据提供支持。

(2)数据预处理

①相关分析：剔除与“有无理赔”变量相关程度过低的特征变量，同时将具有重复信息的“理赔件次”排除。对客户贡献特征变量做类似处理。

②缺失值处理：剔除缺失值过多的变量，或进行插补、合并。

③变量重新赋值与分类：对各变量统一重新赋值，去除不同量纲。根据变量特点将全部变量划分为“客户信息”“保单信息”与“理赔信息”三类。

④属性概化：根据研究需要合并部分变量，如利用客户投保次数与保费额度推知全部已缴保费，作为客户贡献评级依据。

⑤数据平衡化处理：变量存在非平衡性特征，从未发生理赔事件的客户有63 415

例，占总数的96.76%。为保证分析准确性，对数据做重抽样平衡处理，处理后从未发生与曾发生过理赔行为的客户分别占总数的47.62%和52.38%。

预处理后需要分析的变量集共17个字段，3 962个样本，能够系统体现该保险公司保护的个人信息、保单信息以及理赔信息。变量概况如表6-3-1所示：

表6-3-1 变量概况

资料类型	问题编号	变量名称	变量值	变量类型
客户	Q1	性别	1.男性；2.女性	标志
	Q2	年龄组别(岁)	1.未满14；2.14～23；3.24～33；4.34～43；5.44～53；6.54以上	有序集
	Q3	职业类别	0.不分类；1；2；3；4	集
	Q4	婚姻状况	1.未婚；2.已婚；3.丧偶；4.其他	集
	Q5	通路	1.传统通路；2.收展部；3.经代部	集
保单	Q6	保额组别(元，上限不在组内)	1.<1 000；2.1 000～3 000；3.3 000～5 000；4.5 000～10 000；5.10 000～50 000；6.50 000～100 000；7.100 000～1 000 000；8.1 000 000～5 000 000；9.5 000 000～10 000 000；10.>10 000 000	有序集
	Q7	保障年期(年)	1.1；2.15；3.20；4.终身	集
	Q8	缴费年期(年)	1.1；2.15；3.20	有序集
	Q9	缴别	1.月缴；2.季缴；3.半年缴；4.年缴	集
	Q10	缴费方式	1.收费员收费；2.银行转账；3.信用卡；4.联名卡；5.邮政划拨	集
	Q11	保险形态1	1.伤害险；2.健康险	集
	Q12	保险形态2	1.意外险附约；2.住院日额险；3.伤害医疗险(日)；4.意外(二至六级残)；5.防癌险主约——单位；6.伤害医疗险(限)；7.重大疾病附约；8.防癌险附约；9.豁免保险	集
	Q13	契约别	1.主约；2.附约	集
	Q14	地区别	1.总部地区；2.台北地区；3.新竹地区；4.台中地区；5.嘉义地区；6.台南地区；7.高雄地区；8.东部地区	集
	Q15	保单状况	1.自动垫缴；2.正常缴费；3.复效；4.停效；5.契约撤销；6.解约——保户自动；7.注销——公司自动	有序集
	Q16	投保月份(月)	1～12	有序集
理赔	Q17	有无理赔	0.无；1.有	标志

6.3.3 研究方法设计

数据挖掘的一般任务包含关联分析、聚类分析、分类分析、异常分析、特异群组分析和演变分析等。根据保险用户风险—贡献特征提取的业务目标，首先将研究领域确定为分类分析及关联分析。

(1)分类分析

分类分析的主要方法有罗吉斯回归（logistic regression)和决策树(decision tree)模型。

罗吉斯回归适用于研究目标变量为分类变量的数据挖掘问题，能够渐进地选择各独立变量进行逐步相关性分析和生成分类预测结果，其优势在于以极大似然比为基础建立模型，以概率量化的“相对风险比”准确衡量其他变量影响目标变量的重要程度，对于挖掘业务具有明晰的导向作用。而决策树算法应用广泛、易于理解，无须对数据分布做预先假设；与人工神经网络算法相比具有更强的过程可视性，可由之生成具有直接业务指示价值的规则集；在处理样本量较大的挖掘问题时效率比支持向量机更高，且运算结果不依赖于核函数的选择。

基于适用性分析，对具体研究方法设计如下：

具体的罗吉斯回归分析可表述为，设 $X=(x_1,x_2,\cdots,x_n)$是影响某事件是否发生的因素集，$y=1$ 代表目标事件发生，$y=0$ 则表示该事件不发生，以 p 表示该事件发生的概率，记 $\text{odds}=\ln[p/(1-p)]$为事件发生的机会比率，对 p 做 logit 变换得：

$$\text{Logit}(p)=\ln\frac{p(x)}{(1-p)}=\beta_0+\sum_{j=1}^{n}\beta_j(x_j),p(x)=\Pr(y=1\mid x)$$

分析中以 $y=1$ 和 $y=0$ 分别代表理赔事件发生或不发生，建立罗吉斯回归模型以分析怎样的变量具有高的事件发生机会比率。

决策树模型则用树枝状展现数据受各变量影响的情况，利用树形图的分割自动确认和评估分组结果。在保险客户风险特征分析部分通过罗吉斯回归与CHAID两种算法的运行评估与比较，得出风险特征分析结果，进而采取善于处理数值型变量的CART模型进行贡献特征分析，并对结果加以评估。

(2)关联分析

关联规则技术注重数据内部客观结构，通过对频繁项集的提取生成变量间关联关系，一般被应用于超市货架与商品篮问题。由于本节借助关联规则分析的目的在于对分类分析结果加以方法间的交互验证，故应对数量巨大的频繁项集进行修剪，以提升运算速度。

应用关联规则中挖掘效率较高的改进型 Apriori 算法验证决策树模型，发掘诸如事务 X→Y 关联的规律性，以期获得更值得采信的结果。关联规则在 D 中的支持度是 D 中事务同时包含 X、Y 的百分比；置信度是包含 X 的事务中同时又包含 Y 的百分比。具体挖掘过程中，如果某规则满足预设的最小支持度阈值和最小置信度阈值，则认为该规则有效。

6.3.4 客户风险特征分析

(1)模型总体精确性分析

模型选取总体精确性是数据挖掘分析中选择模型的重要标准。对我们选取的样本数据进行总体精确性分析后可知，罗吉斯回归与 CHAID 决策树模型总体精确性均为 99.68%(见表 6-3-2)，所以在风险特征分析中采取以上两类模型。

表 6-3-2　模型总体精确性评估

单位：%

	最大利润发生比率	总体精确性
罗吉斯回归	53	99.68
CHAID	53	99.68
C5.0	54	98.88
CART	54	95.04
QUEST	62	90.48

(2)罗吉斯回归结果及评估

根据分析需要应用前进法，针对二元变量“有无理赔”进行四步骤罗吉斯回归，结果如表 6-3-3 所示。

表 6-3-3　罗吉斯回归结果

变量	机会比(%)	标准差	Wald 统计量	df 统计量	显著性	相对机会比
年龄组别(1)	−19.780	710.716	0.001	1	0.978	1.997
年龄组别(2)	−62.878	2 746.067	0.001	1	0.979	0.077
年龄组别(3)	−48.287	1 679.791	0.001	1	0.977	0.000
年龄组别(4)	−25.287	976.848	0.001	1	0.979	0.000
年龄组别(5)	−76.291	2 351.050	0.001	1	0.974	3.762
保险形态 2(1)	−21.526	3 680.241	0.000	1	0.995	0.000

续表

变量	机会比(%)	标准差	Wald 统计量	df 统计量	显著性	相对机会比
保险形态 2(2)	−0.039	3 374.764	0.000	1	1.000	1.062
保险形态 2(3)	−20.989	4 179.035	0.000	1	0.996	0.000
保险形态 2(4)	−2.422	5 953.695	0.000	1	1.000	0.089
保险形态 2(5)	−23.089	6 104.197	0.000	1	0.997	0.000
保险形态 2(6)	−0.862	3 374.764	0.000	1	1.000	0.422
保险形态 2(7)	−21.017	6 006.110	0.000	1	0.997	0.000
保险形态 2(8)	−22.402	5 196.910	0.000	1	0.997	0.000
地区别(1)	−27.831	11 076.978	0.000	1	0.998	0.000
地区别(2)	1.696	2 613.115	0.000	1	0.999	5.453
地区别(3)	0.352	2 613.115	0.000	1	1.000	3.422
地区别(4)	−5.447	2 613.115	0.000	1	0.998	0.004
地区别(5)	16.394	6 194.400	0.000	1	0.998	0.439
地区别(6)	−34.091	3 869.363	0.000	1	0.993	0.000
地区别(7)	−54.812	3 823.211	0.000	1	0.989	0.000

最终模型中各变量 Wald 统计量显著，且识别出“年龄组别”“保险形态 2”及“地区别”为最重要的风险特征变量。对模型进行优度评估，最终方程对数似然值降低至较低的 527.470，Nagelkerke 接近 1，罗吉斯方程拟合较佳。由分类判误矩阵可知最终方程总体预测精度为 97.4%，罗吉斯回归对该问题的分析具有较高理论精确性与实际应用价值。

通过进一步分析回归得到的相对机会比发现 5 个变量风险较高：“年龄组别”=1，“年龄组别”=5，“保险形态 2”=2，“地区别”=2，“地区别”=3。可知幼儿与老年人，购买住院日额险，生活在台北、新竹地区均为易发生保险理赔事件的客户特征。

(3)CHAID 决策树模型结果及评估

设置模型合并 alpha 值为 0.05，利用改进的“穷尽 CHAID”算法生成模型，并对 CHAID 树模型生成的叶节点进行客户风险特征分析。

根据 CHAID 设置的剪枝策略，该决策树根部以下共分五层，从而避免过度生长。每个节点均包含输出变量在该节点取值的分布状况的相关信息，并且在各分支处标明下级节点依据何变量的何种取值进行区分，直到最末层第 25 个节点分类完毕。根节点传达的信息揭示出“保险组别 2”是对有无理赔行为发生进行分类的最佳变量,也是CHAID树模型所示的对所研究问题而言重要性最强的变量。对于具体特征的分析宜采用从叶节点推向根节点方式的分析树模型。针对研究问题,选取发生理赔的客户特征样本较多的节点分析,尤其是"有无理赔"=1的情况。将符合要求的各叶节点信息汇总生成表6-3-4。

表6-3-4 CHAID模型重要叶节点信息汇总

节点	类别	百分比(%)	样本容量	节点	类别	百分比(%)	样本容量
8	0	0.474	1	18	0	6.452	6
	1	99.526	210		1	93.548	87
	总计	7.536	211		总计	3.321	93
19	0	0	0	20	0	20.354	23
	1	100	93		1	79.646	90
	总计	3.321	93		总计	4.036	113
21	0	0	0	22	0	0.901	1
	1	100	300		1	99.099	110
	总计	10.714	300		总计	3.964	111
24	0	2.083	1	25	0	0	0
	1	97.917	47		1	100	512
	总计	1.714	48		总计	18.286	512

由叶节点向根节点特征推进的分析方式可以发现,节点8表明易发生理赔的客户特征为:"保险形态2"=2或6,"年龄组别"≤1,"职业类别"等于0。节点18特征为:"投保月份">10,"地区别"=2或3,"年龄组别">5,"保险形态2"=2或6。节点19、20、21具有共同特征为:"婚姻状况"=2,"职业类别"=0或2,"年龄组别"等于2或4,"保险形态2"=2或6。节点22特征为:"地区别"=2,"投保月份"<5,"年龄组别">5。节点24、25具有的共同特征为:"地区别"为2或3,"投保月份"=5或10,"年龄组别">5。树模型的叶节点特征推进分析揭示出:生活在台北与新竹地区,投保住院日额险与伤害医疗险,自由职业、无业或失业幼儿及已婚未离异或丧偶老人较易发生保险理赔现象。

(4)罗吉斯回归与CHAID比较

综合比较二者差异性及一致性,得知对训练集的拟合和对测试集的预测精确性均较高,达到97.5%以上,结果也具有较强的一致性(训练集、测试集分别为99.2%、98.79%)。以下参照关联规则分析并以数据内部客观结构为衡量标准,比较改进 Aprior 生成的关联结果与分类预测结果，以期获得最佳采信结果。

(5)改进 Aprior 算法验证分析

设定置信度阈值 90％和支持度阈值为 15％，以置信度为核心标准取前 5 个最具理论精确性与实际可操作性的强规则，理论精确性与实际可操作性分别以支持度与置信度、提升水平为衡量标准。结果如表 6-3-5 所示。

表 6-3-5 Aprior 关联规则分析

单位：％

关联规则	后项	前项	支持度	置信度
1	有无理赔	地区别＝2；婚姻状况＝2；保单状况＝2；缴费年期＝1	18.077	93.625
2	有无理赔	年龄组别＝6；职业类别＝1；保险形态 2＝2；婚姻状况＝2	19.553	93.186
3	有无理赔	职业类别＝0；性别，保险形态 2＝2；保单状况＝2	18.797	92.337
4	有无理赔	年龄组别＝1；保险形态 2＝2；保单状况＝2	19.734	92.336
5	有无理赔	地区别＝3；保险形态 1＝2；保单状况＝2；通路＝1；缴费年期＝1	15.052	91.866
6	有无理赔	性别＝2；保险形态 2＝2；婚姻状况＝2；保单状况＝2	19.013	91.856

比较关联规则算法、罗吉斯回归和 CHAID 决策树模型的预测结果得知，置信度较佳而较易发生理赔事件的客户风险特征为：生活在台北与新竹地区；投保住院日额险与伤害医疗险；幼儿或自由职业、无业或失业的老人。不易发生理赔事件的客户特征为：生活在新竹、台中、高雄地区；投保除伤害险与住院险之外险种的青壮年(“年龄组别”为 2、3、4)。

综合罗吉斯回归、CHAID 决策树预测与改进 Aprior 算法，可以挖掘出投保客户的风险特征，为进一步进行客户细分并制定相应的市场策略，应以风险特征分析为基础进而判别客户贡献等级，对客户进行风险—贡献细分并提出相应的商业策略。

6.3.5 基于分类回归树(CART)的客户贡献特征分析

(1)模型选取

利用知识分类技术分析客户贡献特征。由于将“客户已缴保金总额”作为目标变量，为避免因人为分类带入主观性问题，不再考虑一般用于离散型变量分析的罗吉斯回归模型，转而比较两种常用于分析连续性变量的决策树方法：CHAID 与 CART。

信息增益(Kullback-Leibler divergence)及差异性比较是判断、选取决策树模型的重要标准。前者衡量随着模型分类过程的进行,信息不确定性的减少量,信息增益越快达到100%,代表随着分类的进行,不确定信息减少越快,分类效果越佳;后者则利用模型预拟合及测试,提供直观的平均误差比较。我们以模型增益图(图6-3-1)及差异性比较为标准,从决策树模型CHAID与CART中择优选取模型工具。

增益图显示CART模型更快达到100%增益水平,而相异性比较显示CART无论对训练集还是测试集均具有更小平均误差(表略),故应选取CART为分析工具。

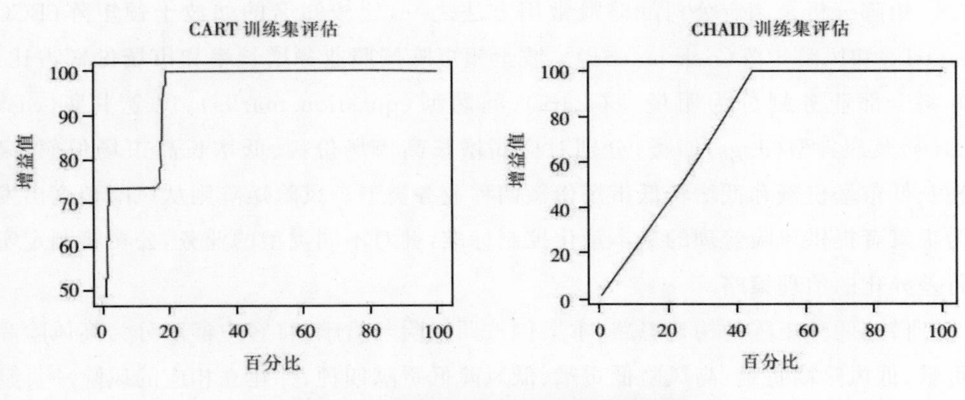

图6-3-1　CHAID及CART模型增益图

(2)CART决策树模型结果

以生成的“客户全部已缴保费”为评价客户贡献的目标变量,剔除17个异常值之后得到总体的已交保费均值为7 934.593元,按照均值标准设定高低贡献分组并进行模型训练。提取CART模型生成的显著性水平排序位于前三的高低贡献分组判别规则(见表6-3-6)。

表6-3-6　CART贡献评级规则

	规则1	规则2	规则3
高贡献	年龄组别=6;婚姻状况=2;性别=1;保险形态2=5、7(已缴保额均值=14 100.628元)	年龄组别=4、5;婚姻状况=2;地区别=2、3、7;性别=1;保险形态2=2(已缴保额均值=10 721.290元)	年龄组别=4;婚姻状况=2;地区别=2、3、6、8(已缴保额均值=9 762.355元)
低贡献	年龄组别=1、2;地区别=1、4、5;职业类别=0、1;婚姻状况=2(已缴保额均值=679.238元)	年龄组别=2;婚姻状况=2;职业类别=0;地区别=4;保险形态2=1、3(已缴保额均值=1 476.825元)	年龄组别=2、3;地区别=4;保险形态2=4、6、9(已缴保额均值=7 051.713元)

从规则合集中提取出的高贡献客户特征为：台北、新竹、台南、高雄、东部地区；已婚未离异或丧偶的中年以上男性（“年龄组别”为3、4、5、6）；购买险种为住院日额险、防癌约主约——单位、重大疾病附约。低贡献客户特征为：总部、台北、台中地区；无职业、失业或自由职业的青少年（“年龄组别”为1、2、3）；购买其他各类险种。基于上述分析所得客户风险与贡献特征的若干指示变量进一步部署模型，生成风险—贡献特征判别矩阵，并提出针对各客户群的商业策略建议。

6.3.6 构建风险—贡献特征矩阵

矩阵分析是制定公司战略最常用方法之一，比较知名的如波士顿矩阵（BCG matrix）和风险矩阵（risk matrix）。波士顿矩阵按照业务增长率和市场份额占比，并将全部业务划分为明星型（stars）、问题型（question marks）、现金牛型（cash cows）及瘦狗型（dogs）四类，分别对应高增长高市场份额、低增长高市场份额、高增长低市场份额和低增长低市场份额四种业务类型。风险矩阵则从风险角度出发为决策者提供风险管理的基本量化控制标准，针对不同类型的业务，公司将制定实行差异化的治理策略。

借鉴两种矩阵的构建思路，本案例按照风险与贡献，将客户群区分为高风险高贡献、低风险高贡献、高风险低贡献、低风险低贡献四种，并建立相应的风险—贡献特征矩阵（表6-3-7）。低风险高贡献客户群体无疑是保险公司希望着力发现的优质目标客户。

表 6-3-7　台湾某保险公司客户风险—贡献特征矩阵

高风险高贡献客户： 老年，男性，生活于台北地区，已婚，购买住院日额险	低风险高贡献客户： 青壮年，生活于新竹、高雄地区，购买防癌约主约——单位、重大疾病附约
高风险低贡献客户： 生活于台北地区，幼儿，购买伤害医疗险（日）	低风险低贡献客户： 青壮年，生活于台中地区，购买意外险附约、意外（二至六级伤残）、豁免保险

6.3.7 基于风险—贡献特征矩阵的保险公司商业策略

商业机构一般利用风险规避、损失控制、风险自留和风险转移策略进行风险管理，并根据用户的贡献等级（可能是潜在的），采取开通相应的收展通道、客户回馈、设置专门个人业务经理等方式防止高贡献客户流失，并进一步吸引客户贡献值。本案例分析的目的在于改进上述策略，保险公司可以依据客户风险—贡献特征矩阵对客户实行以下分类管理：

(1)高风险低贡献客户管理策略

对部分风险过高客户可采取拒绝保险合约的风险规避策略,但不宜过多使用,应依照风险自留原则建立风险预留储备金账户。可以选择开展雇员培训和完善客户资料登记制度,根据最大诚信原则严格该类客户申报审核程序,并对某些条款签署免责申明(如发生诚信差错时),对高风险兼具赔偿连续性的险种(如住院日额险)宜使用定额保单制,把赔付风险降至可控范围。

(2)高风险高贡献客户管理策略

对该类客户应在防止客户流失的基础上以控制风险为主,采取缓性风险控制策略。对某些高风险特征险种,可依风险分割策略将单一险种拆分为主辅约形式或多个险种,明确各部分的渐进赔付内容。要求客户在发生理赔事件时能够出示更具合约效力的个人损失证明。对全部高风险特征用户尤其要重视风险共担,开展专门针对第三方责任人的合法的代位追偿。

(3)低风险低贡献客户管理策略

该部分客户不存在明显风险或贡献特征,却是客户构成的主力。应主要采取防止客户流失策略,增强企业内部服务意识,强化与客户的沟通,可能情况下创造条件推进该类客户向更高贡献级过渡。

(4)低风险高贡献客户管理策略

该类客户往往为公司带来利润,同时易成为公司固定客户群,对公司品牌有正面影响,可作为公司客户管理的主要目标客户群。可针对其特点开展手续更为便捷、服务更加全面的直通型客户通道,设立 VIP 账户与个人业务经理,及时推出新保险品种,并开展客户回馈。同时可在客户允许范围内登录更加详尽的客户资料,以期作为研发与管理的重要知识资源。

6.4 数据挖掘在文本资料分析中的应用——《统计研究》的历史阶段性回顾与特征分析

6.4.1 案例背景

大数据时代下,数据结构日趋多样化,文本资料是广泛存在于各个介质的半结构化或非结构化数据,而文本挖掘技术为分析这种资料提供了可能。在 6.2 节中,我们研究了以网络舆情数据为表现的文本特征类型,在本节中,以《统计研究》期刊

为例，继续说明数据挖掘在文本资料分析中的应用。

除作为实例说明文本数据分析技术外，挖掘分析《统计研究》期刊历年历期所刊登文献的内容，审视《统计研究》历史，总结文献的总体性及阶段性特点，对于把握中国统计学科建设的演变趋势，思考统计学、数据科学未来发展路径，探究大数据时代下统计学的发展理念，本身也有重要意义。为此，本节基于各个时代背景下我国统计学科的重要事件，利用文本数据挖掘技术，对 1984 年第 1 期至 2014 年第 5 期《统计研究》刊登的 5 192 篇文章的篇名、关键词和摘要等做深入分析，提取文章内容的特点、趋势与规律。

6.4.2 分析思路与方法介绍

统计学文献往往体现出具体背景下的阶段性特征，其篇名、摘要及关键词中蕴含的主题与当时社会经济、统计学科发展状况紧密相关，围绕热点问题或前沿问题展开。而文献的研究成果又转而服务于社会经济和统计学科建设，从而推动统计学理论和应用的发展，这种文献内容与现实世界、学术总体水平的联系，在学科最前沿、高层次和最活跃的学术刊物上体现得最为显著。把握《统计研究》文献脉络，需要考察学科建设和经济发展历史，亦需对文本本身做精确的定量分析，文本挖掘技术是将二者结合起来的有效工具。该技术是针对文本数据进行分析，并在分析过程中产生高质量信息的专门技术。典型的文本挖掘方法包括文本分类、文本聚类、观点分析等，随着大数据时代的到来，更多信息以文本形式储存，使得该技术快速发展并得到广泛应用。本节主要采用词频分析、主题分析和文本聚类等方式，综合研究《统计研究》刊登文献的总体和阶段性特征，以对其 30 年历史做回顾总结。

规范的文本挖掘流程可表述为：文本预处理——文本挖掘与分析——可视化三个阶段。中文文本预处理内容主要包括分词和特征表示，其作用是将文本数据转化为可分析形式，文本信息源的非结构化性质使得数据预处理技术在挖掘中必不可少。文本数据经预处理过程转换为向量（矩阵）形式后，可进一步对生成的词条矩阵（表 6-4-1）做挖掘分析。其中词条矩阵反映了各篇文档包含的文本信息，其中 n_{ij} 代表所分析第 i 篇文本中包含第 j 个词条的个数（或 TF-IDF 等其他信息量），若该文本中并无此词条，则 $n_{ij}=0$。通过生成词条矩阵，原始文本的非结构化信息被转化为可分析的结构化数据，常用的数据挖掘思路和技术此时便可被应用于信息挖掘，如文本结构分析、文本分类、文本聚类、文本相关分析、分布分析和趋势预测等。最后，将挖掘结果由数据可视化技术呈现出来。

表 6-4-1　中文分词后生成的词条矩阵

文本＼词条	1	2	…	k
1	n_{11}	n_{12}	…	n_{1k}
2	n_{21}	n_{22}	…	n_{2k}
…	…	…	…	…
l	n_{l1}	n_{l2}	…	n_{lk}

需要指出的是，列举高频词汇时，将剔除对中心内容无明显指向作用的词语，包括文献惯用语（如“基础上”“进一步”“若干问题”等）或统计学科的常用词语（如“统计学”“统计分析”等），但为保证文献原信息的完整性，亦结合具体历史背景对“统计学”等学科常用语做词汇相关性分析，以揭示特定阶段的学科研究主题。

6.4.3《统计研究》历史阶段回顾与内容分析

结合统计学科的发展历史、全国中青年统计科学研讨会的会议主题及对《统计研究》文献内容的文本挖掘结果，可将《统计研究》的主题演化分为四个阶段：第一阶段为 1984 年至 1992 年，以开展学科建设，落脚统计应用，适应改革开放新形势为主题；第二阶段为 1993 年至 2000 年，即突破已有统计学科认识，深化统计理论，建设社会主义市场经济；第三阶段为 2001 年至 2010 年，即加强统计创新，拓展研究方法，拓宽研究领域；第四阶段为 2011 年至 2014 年，围绕着开展四大工程，加强一级学科，迎接大数据时代展开。经文本挖掘的词频分析，各阶段文本词频分析的结果如表 6-4-2 所示。

表 6-4-2 《统计研究》高频词汇总

发展阶段	挖掘内容	出现频率最高的十个词
第一阶段 1984 年至 1992 年，开展学科建设，落脚统计应用，适应改革开放新形势	篇名	抽样调查、国民经济、宏观经济、社会经济、统计工作、统计指标、投入产出、指标体系、统计工作、统计理论
	摘要	国民经济、抽样调查、国民收入、宏观经济、社会经济、统计工作、统计指标、投入产出、指标体系、统计理论
	关键词	国民经济、国民收入、社会经济、统计工作、统计指标、投入产出、指标体系、宏观经济、价格指数、统计理论
第二阶段 1993 年至 2000 年，突破已有统计学科认识，深化统计理论，建设社会主义市场经济	篇名	抽样调查、国民经济、宏观经济、社会经济、统计工作、统计指标、投入产出、指标体系、SNA、国民生产总值
	摘要	SNA、统计调查、国民经济、社会经济、统计工作、社会主义市场经济、统计指标、投入产出、我国经济、国民生产总值
	关键词	SNA、国民经济、社会经济、生产总值、统计工作、统计数据、统计调查、统计指标、投入产出、指标体系

续表

发展阶段	挖掘内容	出现频率最高的十个词
第三阶段 2001 年至 2010 年，加强统计创新，拓展研究方法，拓宽研究领域	篇名	服务业、竞争力、劳动力、人力资本、统计数据、投入产出、增长率、制造业、CPI、FDI
	摘要	服务业、国民经济、竞争力、劳动力、人力资本、生产率、统计数据、投入产出、增长率、CPI
	关键词	GDP、服务业、国民经济、统计工作、统计数据、投入产出、指标体系、通货膨胀、宏观经济、FDI
第四阶段 2011 年至 2014 年，开展四大工程，加强一级学科，迎接大数据时代	篇名	CPI、GDP、SNA、城镇居民、非线性、货币政策、通货膨胀、统计表、统计数据、国民经济
	摘要	SNA、非线性、货币政策、计量单位、价格指数、竞争力、人力资本、生产率、通货膨胀、统计表
	关键词	SNA、非线性、国民经济、计量单位、价格指数、竞争力、人力资本、生产率、统计数据、投入产出

第一阶段(1984—1992 年)，即开展学科建设，落脚统计应用，适应改革开放新形势阶段。该阶段，我国原有的统计制度尚能适应经济发展需要，但面对改革开放日新月异的社会环境，统计学理论和应用急需更深层次的变革。为促进统计实践的发展，使得统计学能够更好地服务于国民经济需要，学者们基于统计基本理论研究，把目光更多地聚焦在统计学方法的应用上，统计学的实用性和服务性被当作研究重点。因此，实证分析研究与统计方法应用研究，以及开展统计学科建设，成为第一阶段《统计研究》历史文献的焦点内容。

在此期间，文献普遍关注宏观经济的实证分析方面。从篇名、摘要及关键词的词频结构可看出，“国民经济”“宏观经济”“社会经济”是该阶段文献的热点词汇，不少学者对新中国成立以来的经济运行态势做了实证研究，总结经济发展的客观规律，并提出了一些统计指标作为衡量发展是否合理的标志，得出具有说服力的结论，“统计指标”和“指标体系”共同进入该阶段的高频词范畴。进一步的文本相关性分析发现，“指标体系”一词在文献中与“经济效益”一词关联性最为密切，相关系数为0.27，体现了学者们提倡建立科学合理的统计指标体系，并以此服务于经济发展，也侧面反映了改革开放初期，中国社会发展中以追求“经济效益”为主的基本导向。围绕第三次中青年统计科学研讨会提出的“我国人民生活水平的统计评价”、“解决国民收入的超分配问题”等议题，“国民收入”的有关探讨也成为该阶段文献的热点之一，作者们对我国当时国民收入的分配状况进行了实证分析，探讨国民收入超分配的根源，以“投入产出”等具体方法作为分析国民经济问题的主要工具。具有特殊时代意义的是，1979 年 12 月邓小平首次提出的“小康社会”概念成为

1984 年至 1992 年杂志刊文的讨论焦点之一，虽然“小康水平”“小康生活”并未直接进入高频词汇列表，但“小康”一词，与“人均收入”“国民收入”“国民生产总值”“人民生活”“物质财富”“消费水平”等描述和反映国民经济总体状况及人民生活水平的关键词相关性较强，相关系数分布于 0.35～0.9 之间，针对这一极富中国特色和时代特征的定义，作者们从统计意义、统计方法、统计指标、基本标准等各个方面做了综合分析，为建设社会主义现代化进程中这一重要标杆提供了深入的理论支持。

文献在统计分析方法应用方面也有所创新。在此期间，紧密联系三次中青年统计科学研讨会的重要议题，期刊上刊登了诸多有关“通货膨胀的测定”“指数理论完善”“企业统计改革”领域的文献，产生了高水平的统计方法研究成果。围绕高频主题“价格指数”，作者们对西方国家价格指数的有关理论加以介绍，探讨价格指数构建问题，研究居民生活与价格指数之间的统计关系，检验价格指数的指示性，该主题词与“居民生活”“西方国家”“消费品”等词的相关系数均在 0.25 以上。“抽样调查”也是统计方法讨论中的焦点，理论方面，作者们对抽样调查方法的随机性和局限性做了研究，同时与典型调查等其他方法做了比较；应用方面，重点以农产品产量为实证资料，对抽样调查的应用加以推广。对企业统计改革的贡献主要体现于企业经营管理中的应用研究，企业统计的相关文献有助于使企业充分认识到统计工作的价值，以达成企业统计改革的主要任务；同时，构建指标体系是指导企业运营的重要统计应用途径，在涉及“统计指标”“指标体系”等主题的文献中，企业“经济效益”“经营者”“销售总额”等词汇也往往关联出现，建立完整的指标体系成为本阶段企业改革的重要内容与主要成果。

在实证分析与方法应用研究取得一定成果的同时，作者们还就统计学科体系建设问题进行了探讨。分析文献高频主题“统计理论”及“统计工作”，关联度较高的主题为“现代化”(0.28)、“体制改革”(0.21)、“统计法”(0.17)、“分类”(0.15)、“统计监督”(0.13)等。第一，作者们探讨了统计学科定位，认为社会经济统计学和数理统计学分属经济学、数学下属学科的状况不利于统计学的发展。第二，指出统计工作者应开阔视野，广泛地了解，深入地研究国际上统计学科的发展情况，并加以学习和借鉴，对我国统计学科的发展进行客观的评价，找出问题和不足，明确发展方向，推动统计学科现代化建设。第三，也强调了统计工作中的法制规范和监督问题。这些有关统计学科建设的重要文献，较为全面地提出了统计学科发展的几大关键问题，即学科定位问题、现代化统计学科建设问题及统计工作的规范问题，引发了统计学者们广泛而持续的讨论，也为第二阶段进一步加强学科建设奠定了良好的理论基础。

第二阶段(1993—2000年),即突破已有统计学科认识,深化统计理论,建设社会主义市场经济阶段。1992年党的“十四大”正式提出了建立有中国特色的社会主义市场经济,我国开始进入了由市场经济体制逐步取代计划经济体制的转轨时期。统计学科建设和统计科研在许多方面面临双轨体制下经济形态变化的严峻挑战,中国新的发展阶段对统计学科、统计理论及应用提出了更高要求,与之相适应,统计形势与任务发生巨大变化。因此,加强统计学科建设,深入开展统计理论研究成为本阶段的核心内容。分析该阶段文献我们发现,承接上一阶段的讨论热点,“国民经济”“社会经济”“统计工作”“统计指标”等词依旧是篇名、摘要及关键词中的高频主题,而讨论“社会主义市场经济”的有关文献的出现,符合该阶段鲜明的历史背景。

首先,“国民生产总值”、“社会主义市场经济”(或“市场经济”)等热点主题的出现,深刻反映了《统计研究》刊登文献内容的时代性特征。为响应“十四大”建设中国特色社会主义市场经济的号召,统计学者们针对该问题做了广泛探讨,在刊物上发表了有价值的学术成果。词频相关性分析显示,篇名中,与“市场经济”一词关系密切的为“我国社会主义”“条件下”“企业”“体制改革”,揭示了市场经济的发展条件、背景以及发展市场经济的主要动力和基本途径;摘要及关键词中,“多元化”“大中型企业”“提高生产率”等词语与“市场经济”相关系数均超过0.30。而“国民生产总值”一词则多与“经济实力”“世界排名”“增长率”“居民收入”同时出现,表示GDP成为厘定经济发展目标的主要标准。

其次,本阶段统计学科最突出的成就就是统计认识上有了新的突破。社会主义市场经济的发展要求大胆吸取国外统计科学研究的最新成果,又要善于从丰富的统计改革实践中吸收营养,解放思想,转变观念,探索统计学发展的新思路。统计研究要超前于统计实践,也要服务于统计实践,深入研究,解决统计改革中出现的新问题。要加强统计基础理论的研究,以完善学科建设,丰富和充实学科体系。随着广大统计工作者的不懈努力,1992年11月1日,国家技术监督局发布了中华人民共和国国家标准《学科分类与代码》,将统计学列为一级学科予以公布,它极大地推动了我国统计科学的发展,成为中国统计学科建设的重大突破和历史里程碑。该时期《统计研究》各文献的摘要中,“学科分类”“不同层次”“各学科”三词均与“统计学”相关性较强,相关系数分别为0.25、0.24、0.24;而关键词中,“设计理论”“学科分类”是与“统计学”相关性较强的词汇,相关系数为0.23;除此之外,文献较多讨论统计学课程设置问题,篇名中“课程内容”与“统计学”的相关系数达到0.30,“高等学校”“标准化”等词语则与高频主题词“统计工作”强相关,可见该阶段文献围绕着统计学科建设问题主要进行两方面的工作：一是确定统计学的研究范围，构造统计学的二、三级学科体系；二是在具体工作中反映统计学的地位和作用，如统计教育改革问题和高等教育中关于统计学课程及专业设置问题。

新形势下国民经济核算的理论和方法研究是该阶段的另一热点议题。从长期采用 MPS 的框架组织国民经济核算到向 SNA 全面转轨，是 20 世纪 90 年代国民经济核算的重要特征，这种转变适应社会主义市场经济发展的需要，具有重要理论意义和现实意义的成果，以 SNA 为主要议题，《统计研究》该阶段也刊登了大量论文。一方面，全面转轨期，诸多全新问题值得探讨，另一方面，作者们以不断发展的视角研究 SNA 相关理论。“SNA”成为文献中的高频词汇，而与其相关性较强的词汇则为“MPS”“区别”“新方法”“账户”“经济核算”“生产者”“总供需”“投入产出”等，具体文献涉及 SNA 与 MPS 的比较、生产劳动与生产范围问题、社会总供需的测算与分析、投入产出核算等，这一时期，《统计研究》这一优秀的学术平台上，统计学者和工作者们贡献了大量关于 SNA 研究的理论成果，为我国进一步适应市场经济需要和早日实现与国际 SNA 接轨做出巨大贡献。

第三阶段(2001—2010 年)，即加强统计创新，拓展研究方法，拓宽研究领域阶段。新世纪我国统计发展的战略核心取向在于统计创新，包括理论创新、体制创新、制度创新、方法创新等等。在此期间，统计学科在统计理论和统计学科研究方面取得了令世人瞩目的成果，在实践中也取得了一定的成效，拓宽了统计学的研究领域。相对于前两阶段，这一时期《统计研究》刊登的文献集中体现出创新性、广泛性的特点，现代统计分析中的新方法被引入和扩展，统计学的实证应用面更宽，通过对该阶段文献的文本挖掘，可以发现一些更为具体的实证领域或方法词汇成为高频的主题词汇。

第一，刊物继续讨论统计学思想、统计学科性质及分类问题，并取得了新的认识。“统计工作”仍然是该阶段的高频词汇，值得注意的是在文章篇名中，“迫在眉睫”一词与“统计工作”一词相关性达到 0.5，代表作者们意识到新世纪继续大力发展统计工作的重要性。部分文献从哲学的高度来认识统计，认为统计是一种思想，统计的地位甚至可以与哲学相提并论，只不过各有分工而已。在统计学性质的认识上，大英百科全书的观点得到更多的认可，认为统计学虽有数理统计学和经济统计学之分，但总体上均属方法论的科学。数理统计学是研究随机性数据的方法论科学，经济统计学是研究确定性数据方法论的科学。有的学者谈到，应把统计学独立出来，发展统计方法。统计学不是纯数学，也不是经济学，应当在应用中发展统计学。可以说，对于统计学性质、学科分类和统计核心思想的讨论，促进了学科进

一步发展，为统计学在新世纪注入了新的活力，使其能够更好地服务于社会经济的长足进步。

第二，统计理论研究较前两阶段呈现出新特点。“宏观经济”“国民经济”“投入产出”“通货膨胀”“CPI”仍然是这一阶段理论研究的热点，但具体研究方法有所更新。以“通货膨胀”为例，这一时期刊登的文献中，与该热点词相关性超过 0.1 的包括“SVAR”（结构向量自回归）、“VAR”（向量自回归）、“BSVAR”（贝叶斯结构向量自回归）等大量方法指向性词汇，反映该阶段作者们较多运用一系列前沿的统计量化分析方法解决具体问题；同时“可容忍”“国际石油”“能源安全”“中长期”“变异性”等词语与通胀问题的相关性亦较高，显示该领域的理论研究无论是思想还是研究范围都有所延伸。同时，“非线性”一词更多地出现在该阶段统计方法的研究中，其思维也被用于研究“房地产价格”“通货膨胀”“通货紧缩”“物价水平”等经济生活的方方面面，代表性模型“STAR”（平滑转移自回归）模型被引入、扩展和应用，说明经济的非线性现象较之前一阶段更受国内学者们的重视，相关方法也有了补充和拓展。另外“数据挖掘”（或“data mining”）亦是本阶段出现频次较高的方法指向词，在篇名、关键词、摘要中分别出现 15 次、20 次、12 次，文章有对数据挖掘技术的综述及对国外先进方法的介绍引入，有对数据挖掘和统计学关系的探讨，也有新方法的提出及结合金融市场等具体经济现实的应用，从理论与实践角度介绍了数据挖掘这一新的数据分析技术，为大数据时代到来构筑了必要的技术基础。

第三，统计学应用领域有极大扩展，作者们在文献中更多地运用统计理论和技术方法解决实际问题，使人们真正感受到统计的重要性，这无疑充分发挥了统计学的应用价值，提高了统计的地位，进一步扩大了学科影响力。“服务业”“劳动力”“人力资本”“竞争力”“生产率”“增长率”“FDI”“制造业”等词汇在摘要和关键词中成为热词，这些应用领域指向的词汇的出现，代表统计理论和方法的应用也正在向社会经济各个领域渗透，具体文献内容开始广泛涉及收入分配、金融证券、宏观经济分析、国际资金循环、外商直接投资、统计综合评价、城市可持续发展、产业发展、市场研究、最低工资、投资者信心指数、进出口问题、人力资本、城乡居民消费状况、民间投资与股价动态、社会保障支出与扩大内需、医疗卫生服务产出、工业污染物排放影响因素等。

第四，对政府统计有了全新看法，提出政府统计工作的改革问题。“统计数据”成为在篇名、摘要和关键词中均高频出现的主题，围绕 2009 年夏季举办的第十二次中青年统计科学研讨会中关于“政府统计的全新认识与公信力提高的问题”“统计能力、统计数据质量的提高问题”等重要议题，诸多文献从统计数据质量评估、统计制度和统计监督及全面提升统计数据质量、提升政府公信力等角度讨论了政府统计工作改革问题，这一时期，与“统计数据”相关系数大于0.1的词汇包含“标准化”(0.17)、“努力提高”(0.17)、“准确性”(0.17)、“可靠性”(0.17)、“理论研究”(0.13)、“质量问题”(0.13)等。针对当前的政府统计，作者们认为统计工作应该由独白转换为对话，应该建立调查对象视角的数据采集系统，建立受众视角的传播体系，提高政府统计的公信力及统计数据的质量问题。同时也提出统计的变革和发展需要更多的“传教士”式的统计教育者，这样可以帮助学生更加积极地看待统计学在日常生活中的价值。

第四阶段(2011—2014年)，即开展四大工程，加强一级学科，迎接大数据时代阶段。“十二五”期间，是加快统计事业科学发展的关键时期，是深化统计改革、推进统计建设的攻坚阶段，这一时期，统计学科也面临大数据时代带来的新变化。抓住统计事业发展的重要战略机遇期，在奋力提高统计能力、提高统计数据质量和提高统计公信力的同时，加快“四大工程”建设，即建设基本单位名录库、企业一套表制度、数据采集处理软件系统和联网直报系统。这一阶段的文献，统计学方法和应用的前沿性继续提升，政府统计改革与发展有关问题继续深化，几篇国内最早系统讨论大数据与统计学关系问题的文章也在期刊上刊载，可以说，新时期《统计研究》的文献为统计学一级学科的建设及大数据时代统计学科的发展方向奠定了基础。

努力推进“三个提高”，加快“四大工程”建设方面，一些作者从宏观角度探讨了对当前统计工作的体会和认识；从政府统计的发展目标、机遇和挑战等方面进行了分析；从统计法制建设、统计调查制度、统计标准的建立、统计调查手段改进、统计服务建设等方面总结了中国政府统计做出的改革创新；依据“三个提高”和“四大工程”建设的构想，探索了政府统计改革与发展的思路和方法。2011年第7期、第11期以及2012年第7期，分别刊载了以“四大工程”为篇名中心词的文章，重点探讨法制建设、信息化建设及统计系统建设等各项内容。除此之外，还有详细讨论“建设基本单位名录库”的文章3篇，“企业一套表制度”相关文章5篇，以及“联网直报系统”文章1篇。

统计学一级学科地位的进一步确立是该时期统计学界的重大事件，2010年国务院学位委员会办公室、教育部研究生司启动了改革开放后的第四次研究生专业目录调整工作，最终审议通过将原列为经济学一级学科门类“应用经济学”下的“统计学”二级学科与原理学门类一级学科“数学”下的“概率论与数理统计”二级学科合并为“统计学”，并确立其一级学科地位，可授予理学或经济学学位。自此，统计

学学科正式在研究生层面上成为一级学科，并继1992年成为科研科技统计专业目录上的一级学科之后，又成为教育专业目录上的一级学科，这无疑将对我国统计教育改革、统计学科发展和统计制度建设形成极大的促进作用。在此基础上，以《统计研究》为交流平台，作者们对加强一级学科建设提出了很多宝贵意见，在篇名、关键词和摘要中，"一级学科"出现12次，"统计学科"出现7次，"学科建设"出现2次，其他与统计学科建设有关的词汇(或短语)，如"统计教材建设"等，也频繁出现。其中有代表性的文章如2011年第11期的刊文，在回顾中国统计学科百年历史的基础上讨论学科现状，并提出要抓住机遇，在做大统计学科的基础上进一步加强学科建设。

在国民经济核算研究方面，"SNA"依旧是热点词汇，这一阶段对我国国民经济核算体系的探讨主要集中于改进建议等方面。一些文献从我国实际出发探讨全球化对中国国民经济核算体系的影响；提出了我国产业分类体系的改进建议，讨论了核算中的数据衔接问题。与"SNA"相关程度较高的词分别为"国民经济"(0.28)、"社会保险"(0.23)、"新面貌"(0.23)、"中央银行"(0.23)。

针对统计理论与方法应用的研究，在统计方法应用面继续不断扩展的同时，前沿性方法在文献中的出现频次有所增加。如"非线性"首次成为词频最高的前十个词汇之一，而文献中非线性模型的应用也较上一阶段有了明显扩展，非线性现象的研究，从时间序列领域延伸到面板数据领域，"PSTR"(面板平滑转换回归)这一研究面板非线性的前沿模型被介绍到国内统计学界，而"FDI""通货膨胀率""金融危机"等指示应用领域的词汇和该热词联系紧密。

特别值得注意的是，大数据时代的到来，引起了政府、业界的极大关注，也将给统计学科带来长远影响，2013年10月召开的第十七次全国统计科学讨论会正是以"大数据背景下的统计"为主题，本次全国中青年统计科学研讨会也将大数据有关内容当作理论部分的重点，可见统计学界对大数据问题的广泛重视。2014年《统计研究》新年献词中，"大数据"被解读为即将到来的新时代，强调了其对统计学可能带来的深远影响，同时第1、2期刊物也连续刊载了四篇系统探讨大数据与统计学思维、大数据时代统计学科面临的机遇与挑战的文献，可以说在这一时期，《统计研究》同样成了国内统计学者、工作者最先对大数据发声的平台，走在了大数据时代统计学科的最前沿。

6.4.4 整体特征分析与总结

通过对《统计研究》历史内容的阶段性回顾，发现刊物与经济社会发展阶段联系十分密切，作为学者们交流思想的平台，杂志刊载的文献适应社会经济发展需要，贡献了大量有理论价值和现实意义的学术成果。《统计研究》始终是我国统计科研前沿阵地，是我国统计学科建设、统计方法研究及统计领域改革的导向性刊物，也促使统计实践工作在社会各领域发挥应有作用。总结30年发展历程，《统计研究》有以下几个重要的整体性特点。

(1)研究领域广泛、热点主题突出、理论与应用相结合

在5 192篇文章中，理论研究论文约2 050篇，占比39.48%，应用研究论文3 142篇，占比60.52%，体现了期刊在选文时坚持理论与应用相结合。所刊文献内容覆盖面广，涉及“中国知网”划定的40个学科分类，大类有数学(1 375)、社会学及统计学(1 103)、宏观经济管理与可持续发展(1 014)、经济统计(815)、经济体制改革(501)等；按照应用领域，则包含金融(463)、投资(290)、贸易经济(171)、企业经济(145)、工业经济(130)、证券(125)、农业经济(112)、财政与税收(89)、市场研究与信息(62)、保险(62)、人才学与劳动科学(56)等。若以统计学重要主题分类，文献对基本理论问题、方法应用问题、核算问题、经济分析与统计分析问题都有重点关注，内容完整、主题鲜明。期刊牢牢把握统计学科发展主旋律，以词云分析(图6-4-1)为可视化方法研究文献题目，可以发现统计指标、统计数据、统计调查、通货膨胀、GDP、统计分析、社会经济、核算等统计学科重点问题受到作者们的广泛关注，使得期刊能准确记录、反映统计学科核心问题的研究脉络，为任一时期的研究者们提供有效参考。

图 6-4-1　文献题目的词云分析

(2)学术影响力大、研究成果传播面广

《统计研究》杂志的发展，伴随的是其影响力的不断扩大。以 CSSCI(2014－2015)收录的期刊为研究范围，2010 年至 2013 年间，杂志影响因子连年提升，从 1.959升至 2.567，四年平均值 2.111，高于其他三种统计学期刊；同时考虑经济学、管理学、统计学、社会科学综合四类期刊，《统计研究》在 226 种期刊中四年平均影响因子排名第 30 位。这里需要提及的是，2013 年《统计研究》再次入选“中国最具国际影响力学术期刊(人文社会科学类)”，排名由 2012 年的第 29 位上升至第 24 位，具有较为广泛的影响力，为传播统计学研究成果提供了强有力的渠道保障。另外，文献一直保持着较高的引用量和阅读量，以被引次数最高的 600 篇文章为例，单篇平均引用数达 62.26 次，平均下载量达 842.22 次，进一步发掘引用频次较高的文章，发现主要涉及金融市场、工业经济、企业经济、能源经济、综合评价、统计基本理论等研究维度，充分反映《统计研究》促进统计学方法与应用相结合，有效推动了统计实践在社会经济运行中发挥其重要作用。

(3)为高校学者提供良好平台，有效推动学科发展和统计教育改革

第一，《统计研究》为高校学者们提供了公正、广阔、高质量的学术平台，促进高校统计学科建设，是分享、输送统计学知识，为社会经济发展服务的重要渠道与载体，按照 30 年间期刊刊文的第一作者隶属单位统计，高校作者论文 2 722 篇，占比 52.4%。第二，发表于《统计研究》上的文献与各届中青年统计科学研讨会议题契合度高，期刊吸收了大量有见地、有研究热情和学术潜力的中青年统计学家的有益观点，不失为培养统计学高端人才的沃土。第三，对文献内容的阶段性回顾揭示，期刊刊载了大量探讨统计教育发展改革的文章，涉及内容、方法、教材和体制等方面，“统计教育”一词在文献题目、关键词及摘要中分别出现 11 次、107 次、31 次，这些对统计教育的有益探讨，无疑对推动学科发展和教育改革起到了重要作用。

BIG DATA

参考文献

[1]城田真琴.大数据的获利模式:图解·案例·策略·实战[M].经济新潮社2013年出版.

[2]维克托·迈尔一舍恩伯格,肯尼思·库克耶.大数据时代[M].浙江人民出版社2013年出版.

[3]赵刚.大数据:技术与应用实践指南[M].电子工业出版社2013年出版.

[4]胡世忠.云端时代的杀手级应用:海量数据分析[M].天下杂志2013年出版.

[5]美国白宫政府报告.Big Data is a Big Deal[EB/OL].2012年载于http://www.whitehouse.gov/.

[6]谢邦昌.Data mining note,Data mining,Data mining在企业中的应用,Data warehouse,Data Mining in the Era of Big Data,等讲义[Z].

[7]Thomas H. Davenport and D.J. Patil.Data Scientist: The Sexiest Job of the 21st Century[J].Harvard Business Review Spotlight 2012(10).

[8]廖子涵等.数据挖掘技术应用于生活形态数据建构疾病预测模型及全民健保数据库之疾病整合分析——以高血压、高血糖、高血脂为例.

[9]谢邦昌、郑宇庭、李御玺、郭良芬.商业数据挖掘使用Excel 2010[M].“中华资料采矿协会”2011年出版.

[10]林宗立.要害怕——巨量数据是吞吃你我隐私的貘,2014年载于有物报告,https://yowureport.com/10542/.

[11]陈文慧.海量数据时代发展与未来应用趋势之研究.

[12]朱建平,章贵军,刘晓葳.大数据时代下数据分析理念的辨析[J].统计研究,2014年第2期.

[13]朱建平，刘晓葳，欧阳汉：《统计研究》的历史阶段性回顾与特征分析[J].统计研究，2014 年第 9 期.

[14]刘晓葳.基于数据挖掘的保险客户风险——贡献评级管理[J].保险研究，2013 年第 3 期.